LEITFADEN DER BEWEGUNGSBESTRAHLUNG

1. TEIL

PHYSIKALISCHE UND METHODISCHE GRUNDLAGEN

VON

DR. RER. NAT. H. WICHMANN UND DR. MED. F. HEINZEL

HAMBURG

MIT 107 ABBILDUNGEN

Springer-Verlag Berlin Heidelberg GmbH

1959

© Springer-Verlag Berlin Heidelberg 1959
Ursprünglich erschienen bei Springer-Verlag oHG. Berlin · Göttingen · Heidelberg 1959
Softcover reprint of the hardcover 1st edition 1959

ISBN 978-3-642-49138-2   ISBN 978-3-642-87351-5 (eBook)
DOI 10.1007/978-3-642-87351-5

BRÜHLSCHE UNIVERSITÄTSDRUCKEREI GIESSEN

Vorwort

Wie bereits durch das Wort „Leitfaden" betont wird, ist die vorliegende Schrift nicht als Lehrbuch im üblichen Sinne aufzufassen, sondern als ein Buch, das — aus der Praxis entstanden — immer wieder erörterte Grundfragen der Bewegungsbestrahlung behandelt.

So ist auch auf die üblichen historischen Hinweise und die Vielzahl der Literaturzitate verzichtet worden. Nur bei den Abbildungen ist der Ursprung angegeben, soweit es sich nicht um solche von einem der Verfasser (WICHMANN) handelt.

Der Charakter dieses Leitfadens ergibt sich aus der Tatsache, daß die Bewegungsbestrahlung kein grundsätzlich neues medizinisches Problem darstellt, sondern vielmehr die physikalisch-technische Lösung einer gegebenen medizinischen Fragestellung.

In dem hier vorliegenden 1. Band sind neben grundsätzlichen physikalischen und technischen Gedankengängen, die sich beim Übergang von der Stehfeldbestrahlungs- auf die Bewegungsbestrahlungsmethode ergeben, die neuartige Einstelltechnik und besonders die Methoden der Dosisermittlung dargestellt.

Es handelt sich hierbei im wesentlichen um physikalisch-technische Probleme, was dadurch unterstrichen wird, daß an größeren Instituten — insbesondere in den angelsächsischen Ländern — diese Belange von Physikern wahrgenommen werden. Solche günstigen Voraussetzungen können aber nicht allgemein zugrunde gelegt werden. Vielmehr wird der Strahlentherapeut in vielen Fällen diese physikalische Arbeit neben seiner ärztlichen Tätigkeit übernehmen müssen.

Um so notwendiger ist es, geeignete Hilfsmittel für die Einstelltechnik und Dosisermittlung zu schaffen, die ein routinemäßiges Arbeiten mit der Bewegungsbestrahlung gewährleisten. Dieses wird sehr erleichtert durch den „Atlas typischer Beispiele zur Einstelltechnik und Dosisermittlung" und die „Dosistabellen", welche im Mittelpunkt des 2. Bandes des Leitfadens stehen.

An Hand dieser geometrischen, graphischen und tabellarischen Darstellungen mit Standard-Isodosenplänen wird die Einstell- und Bestrahlungstechnik, also die praktische Handhabung der Bewegungsbestrahlung dargelegt.

Hamburg, März 1959 — Die Verfasser

Inhaltsverzeichnis

A. Bestrahlungsmethodik bei Bewegungsbestrahlung

I. Wege zu optimalen Bestrahlungsbedingungen

Ein wesentliches Ziel der Röntgentherapie ist es, die Dosisverteilung möglichst günstig zu gestalten. Als Merkmal hierfür wird die relative Tiefendosis angesehen:

$$\text{relative Tiefendosis (rTD)} = \frac{\text{Herddosis (HD)}}{\text{Oberflächendosis (OD)}} \cdot 100 \ (\%).$$

Bei der Stehfeld-Kreuzfeuerbestrahlung im Bereich der konventionellen Therapiespannung von 200 kV—250 kV läßt sich etwa eine Gleichheit von Herddosis und Oberflächendosis — also rTD 100% — erreichen. Geht man von dieser

Basis aus, so lassen sich zwei grundzätzlich verschiedene Möglichkeiten zur Verbesserung der rTD aufzeigen.

Einmal ist dieses eine Verminderung der Oberflächendosis bei gleichbleibender Herddosis und zum anderen eine Erhöhung der Herddosis bei gleichbleibender Oberflächendosis. Eine Verminderung der Oberflächendosis erlaubt die Bewegungsbestrahlung. Eine Erhöhung der Herddosis läßt sich durch eine härtere Strahlung, z. B. in der Hochvolttherapie, erreichen.

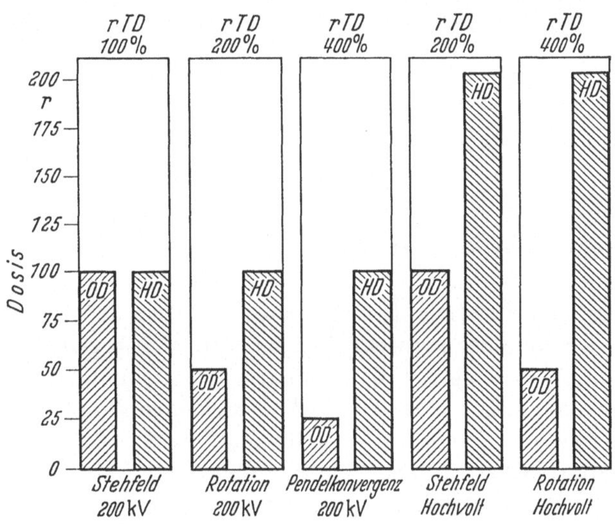

Abb. 1. Möglichkeiten, die relative Tiefendosis zu erhöhen (schematisch)

In Abb. 1 sind diese Möglichkeiten einander schematisch gegenübergestellt. Sie sind alle technisch verwirklicht worden. Da die Anhebung der Tiefendosis durch eine härtere Strahlenqualität weitaus kostspieliger ist, liegt der Weg über die Verminderung der Oberflächendosis, also die Bewegungsbestrahlung mit Therapiespannungen von 200—250 kV, für die strahlentherapeutische Praxis im allgemeinen näher.

II. Prinzip der Bewegungsbestrahlung

Die Bewegungsbestrahlung läßt sich als eine Vervollkommnung der Kreuzfeuerbestrahlung ansehen. Letztere findet ihre Grenze in der praktischen Unmöglichkeit, jeden Tag bei jedem Patienten eine größere Zahl von einzelnen Feldern

einzustellen, dosimetrisch zu erfassen und zu bestrahlen. Eine Einrichtung, die bei
einmaliger Dosisermittlung und Einstellung des Patienten dieses Ziel unter Ver-
meidung von Dosisspitzen an den Überschneidungsstellen der Strahlenkegel
erreicht, bedeutet zweifellos einen mit Anerkennung der Kreuzfeuermethode
bereits geforderten Fortschritt der Röntgentiefentherapie.

Bei der Kreuzfeuerbestrahlung wird die Feldeinstellung unter zwei verschiedenen Gesichtspunkten vorgenommen. Am häufigsten werden mehrere Felder
radial in einer Ebene eingestellt (Abb. 2). In einigen Fällen verwendet man jedoch
auch Einstellungen, die schräg von einer Seite oder konvergent von zwei Seiten

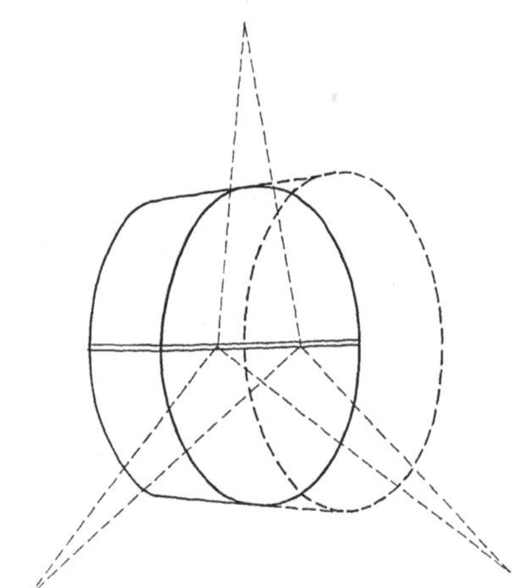

Abb. 2. Stehfeldbestrahlung (radiale Einstrahlung)   Abb. 3. Stehfeldbestrahlung (schräge Einstrahlung)

auf diese radiale Einstellebene einzustrahlen erlauben (Abb. 3). Diese aus der
Anatomie des menschlichen Körpers sich ergebenden Möglichkeiten stellen auch
die Grundlage für die geometrischen Grundformen der Bewegung des Röntgenstrahlenkegels dar. Die radiale Feldeinstellung wurde die Rotationsbestrahlung.
Die einseitig schräge Einstellung auf diese radiale Einstellebene führte zur Schrägrotationsbestrahlung. Die Kopplung der radialen und schrägen Einstellmöglich-
keiten zur Erzielung optimaler Verhältnisse führte zu der Konvergenzbestrahlung
(Spiral- und Pendelkonvergenz).

Gleichermaßen wie bei der Kreuzfeuerbestrahlung für jeden Krankheitsfall die
eine oder andere Einstellungsweise oder ihre Kombination die besten Bestrahlungs-
verhältnisse liefert, wird auch bei der Bewegungsbestrahlung jeweils die eine oder
andere Methode optimale Bedingungen schaffen. Die verschiedenen Methoden der
Bewegungsbestrahlung haben damit ihre Existenzberechtigung nebeneinander,
und ihre gleichzeitige Anwendung ist ein Erfordernis für eine optimale Bestrahlung aller Krankheitsfälle.

III. Die geometrischen Formen und Wirkungsweisen
der Bewegungsbestrahlung

Die einfachsten Verhältnisse bietet die Rotationsbestrahlung. In Abb. 4 ist
ihre Wirkungsweise an einem Zylinder dargestellt, dessen Mitte als der Bestrah-

lungsherd angenommen wird. Der Röhrenfokus wird auf einer Kreisbahn um den Zylinder herumgeführt, deren Mittelpunkt (Rotationsachse) in der Mitte des Zylinders liegt. Ein ausgeblendetes Röntgenstrahlenbündel bleibt dann bei dieser Rotationsbewegung dauernd auf die Mitte des Zylinders gerichtet, während das dick umrandete Feld auf der Oberfläche wandert, und jedes gestrichelt umrandete Feld nur kurzzeitig bestrahlt bzw. durchstrahlt wird. Es läßt sich leicht erkennen, daß dieser Effekt um so ausgeprägter wird, je kleiner die Feldbreite gewählt wird; denn um so öfter läßt sich das Feld längs der bandförmig um den Zylinder verlaufenden Strahleneintrittspforte aneinandergereiht denken. Die senkrecht zur Bewegungsrichtung liegende Feldlänge hat für diesen geometrischen Effekt keinerlei Bedeutung.

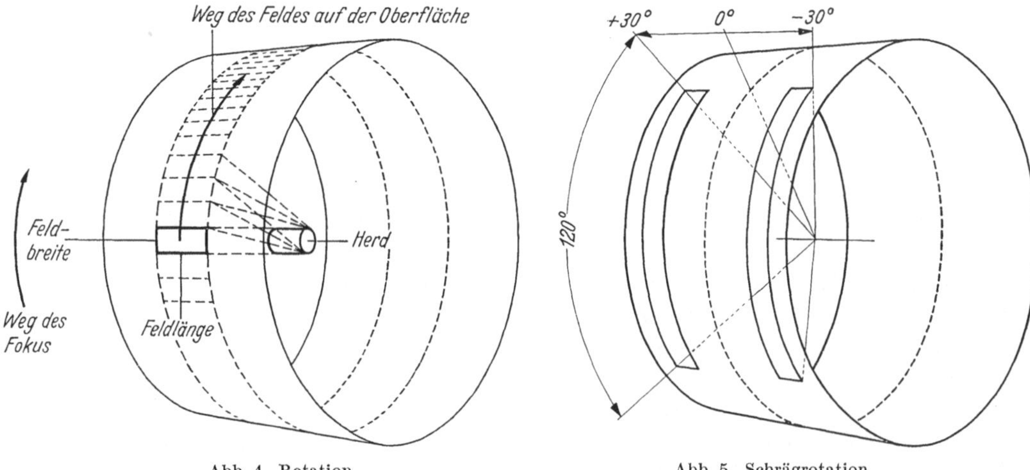

Abb. 4. Rotation   Abb. 5. Schrägrotation

Die Auswirkung dieses Vorganges läßt sich leicht aus dem folgenden Bestrahlungsbeispiel ersehen:

Beispiel:		Stehfeld	Bewegtes Feld
Oberfläche	200 r/min × 10 min	2000 r	2000/30 = 66 r
Herd	20 r/min × 10 min	200 r	200 r

Es sind hier die Verhältnisse so gewählt worden, daß an der Oberfläche 200 r/min und am Krankheitsherd 20 r/min auftreten. Bei einer Bestrahlungszeit von 10 min ergibt sich bei feststehendem Feld am Herd eine Dosis von 200 r, wie sie üblicherweise angestrebt wird. An der Oberfläche bedeutet dieses aber eine die Verträglichkeitsgrenze der Haut weit überschreitende Dosis von 2000 r. Geht man beim bewegten Feld von der Voraussetzung aus, daß sich das Einfallsfeld 30 mal auf dem Umfang des Zylinders abtragen läßt, so trifft im gleichen Zeitraum auf jedes Oberflächenteil in der Größe des Einfallsfeldes nur $^1/_{30}$ der in 10 min verabfolgten Einfallsdosis, mithin also statt 2000 r nur 66 r. Das ist gleichbedeutend mit einer Erhöhung der relativen Tiefendosis. Diese ist durch Verminderung der Oberflächendosis bei gleicher Herddosis von 200 r von 10% auf 300% gestiegen! Die Schrägrotation wie auch die konvergente Rotation folgen dem gleichen Prinzip, nur daß die bandförmige Strahleneintrittspforte einseitig oder beiderseits parallel zur Rotationsebene verlagert ist (Abb. 5).

Einen anders gearteten Lösungsweg sucht die Konvergenzbestrahlung. Bei ihr verändert sich während des Bewegungsvorganges die Einstrahlebene kontinuierlich.

Ihre einfachste Form ist die Kegelkonvergenz (Abb. 6). Hierbei beschreibt der Röhrenfokus nicht wie bei der Rotationsbestrahlung eine Kreisbahn um den Körper, sondern eine solche außerhalb des Körpers, während der Zentralstrahl auf den Krankheitsherd konvergierend einen Kegelmantel durchläuft. Es entsteht dabei eine ringförmige Strahleneintrittspforte auf der Oberfläche.

Abb. 6. Kegelkonvergenz　　　　　　　　　Abb. 7. Spiral-Kegelkonvergenz

Es ist leicht ersichtlich, daß der Wirkungsgrad dieser Methode nicht sehr günstig ist. Um ihn zu verbessern, hat man versucht, nacheinander unter zwei verschiedenen Konvergenzwinkeln einzustrahlen und so zwei konzentrische ringförmige Strahleneintrittspforten zu erzielen.

Dieser Gedankengang führt folgerichtig zur Spiral-Kegelkonvergenz, bei der durch Bewegung des Röhrenfokus auf einer Spiralbahn alle Konvergenzwinkel von 0° bis etwa 70° während der Bestrahlung durchfahren werden (Abb. 7). Es wird so das Optimum der Methode erreicht, doch stellt die damit erzielte scheibenförmige Strahleneintrittspforte immer noch eine schlechte Ausnutzung der für den Strahleneintritt am Körper zur Verfügung stehenden Oberfläche dar. Will man mit dieser Methode mehr erreichen, so muß man sie mit der Kreuzfeuermethode wieder koppeln und von mehreren Seiten des Körpers eine solche scheibenförmige Strahleneintrittspforte schaffen. Dieses ist insofern eine Inkonsequenz, als der Fortschritt der Bewegungsbestrahlung ja in der einmaligen Einstellung und Dosisermittlung am Patienten gesucht wird, also gerade von der Kreuzfeuermethode fortführen soll.

Die offensichtliche Begrenzung der Konvergenzbestrahlungsmethode bei Anwendung der Kegel- und Spiral-Kegelkonvergenz hat eine sehr einfache Ursache. Zwar wird mit Vergrößerung des Konvergenzwinkels die Strahleneintrittspforte größer, doch wird durch die übermäßig schräge Einstrahlung auch der Weg zum Krankheitsherd länger. Die damit unvermeidliche Verminderung der Tiefendosis verhindert eine weitere Erhöhung der relativen Tiefendosis. Die anatomischen Verhältnisse des menschlichen Körpers zeigen, daß die wünschenswerte Vergrößerung des Konvergenzwinkels ohne Verlängerung des Strahlenweges nur in Richtung der Krümmung der Körperoberfläche möglich ist, während in Richtung der Ebene ein Winkel von etwa 60° das Optimum bedeutet. Stellt man sich die Verhältnisse wieder schematisch an einem Zylinder (Abb. 8) vor, so ist ersichtlich, daß eine bessere Ausnutzung des Konvergenzprinzips bei Einstrahlung in Form eines Kegels nicht möglich ist, da sich eine Winkelvergrößerung zwangsläufig in beiden Richtungen auswirkt. Eine den Verhältnissen angepaßte Aufspaltung der Bedingungen läßt sich jedoch erreichen, wenn man anstelle der geometrischen Form des Kegels eine Pyramide wählt; denn sie erlaubt die Anwendung von zwei verschiedenen Winkeln in der erwünschten Weise. Anstelle

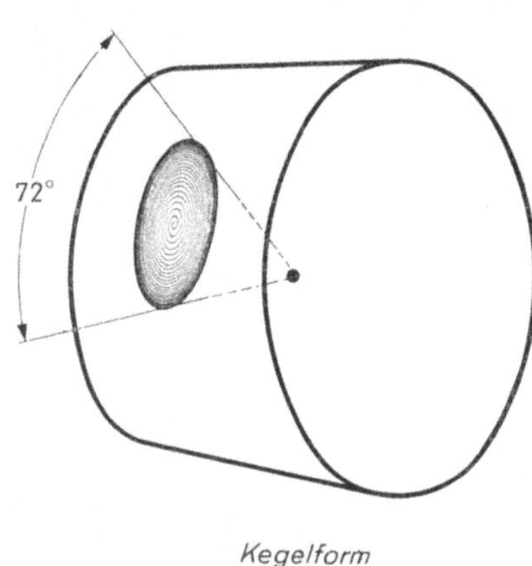

Abb. 8. Geometrische Form der Spiral-Kegel-konvergenz (Kegelform; Herdfeld: rund)

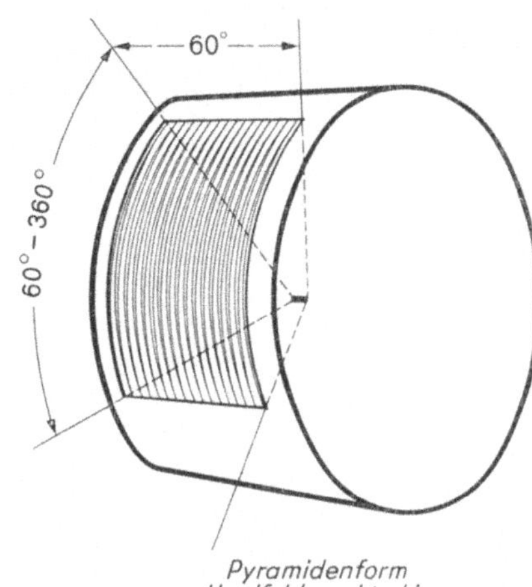

Abb. 9. Geometrische Form der Pendelkonvergenz (Pyramidenform; Herdfeld: rechteckig)

eines Spiralablaufes des Brennfleckes beim Kegel läßt sich die Ausstrahlung einer Pyramide durch eine Zickzack-Bewegung in der Weise durchführen, daß einer schnellen Pendelbewegung eine langsame translatorische Konvergenzbewegung des Röntgenzentralstrahles überlagert wird (Abb. 9).

Diese als Pendelkonvergenzbestrahlung bezeichnete Bewegungsbestrahlungsmethode erlaubt, für jeden Krankheitsfall den günstigsten Rotations- und Konvergenzwinkel zu wählen. Die an die Bewegungsbestrahlung gestellte Forderung, bei nur einer Einstellung des Patienten und einmaliger Dosisermittlung optimale Bestrahlungsbedingungen zu schaffen, ist damit durch die Pendelkonvergenz erfüllt worden.

IV. Die technische Verwirklichung der Pendelkonvergenz

Technisch verwirklicht und seit 1953 in der Praxis erprobt worden ist die Pendelkonvergenz mit dem Universal-Bestrahlungsgerät „Müller TU 1". Dieses Gerät besitzt die notwendigen Voraussetzungen für eine solche Bewegung in zwei Ebenen

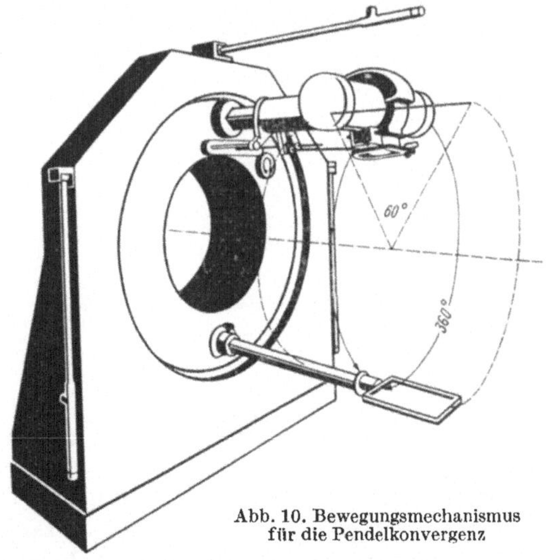

Abb. 10. Bewegungsmechanismus für die Pendelkonvergenz

(Abb. 10). Die Röhre ist für diesen Zweck an einem Tragarm mit einem Drehkörper um den vollen Winkel drehbar *(Rotation)*, während gleichzeitig der

Tragarm senkrecht dazu bewegt werden kann *(Translation)*. Eine Spindelsteuerung sorgt dafür, daß der Zentralstrahl bei jeder Stellung der Röhre auf den
gemeinsamen Drehpunkt beider Winkelbewegungen ausgerichtet bleibt. Der

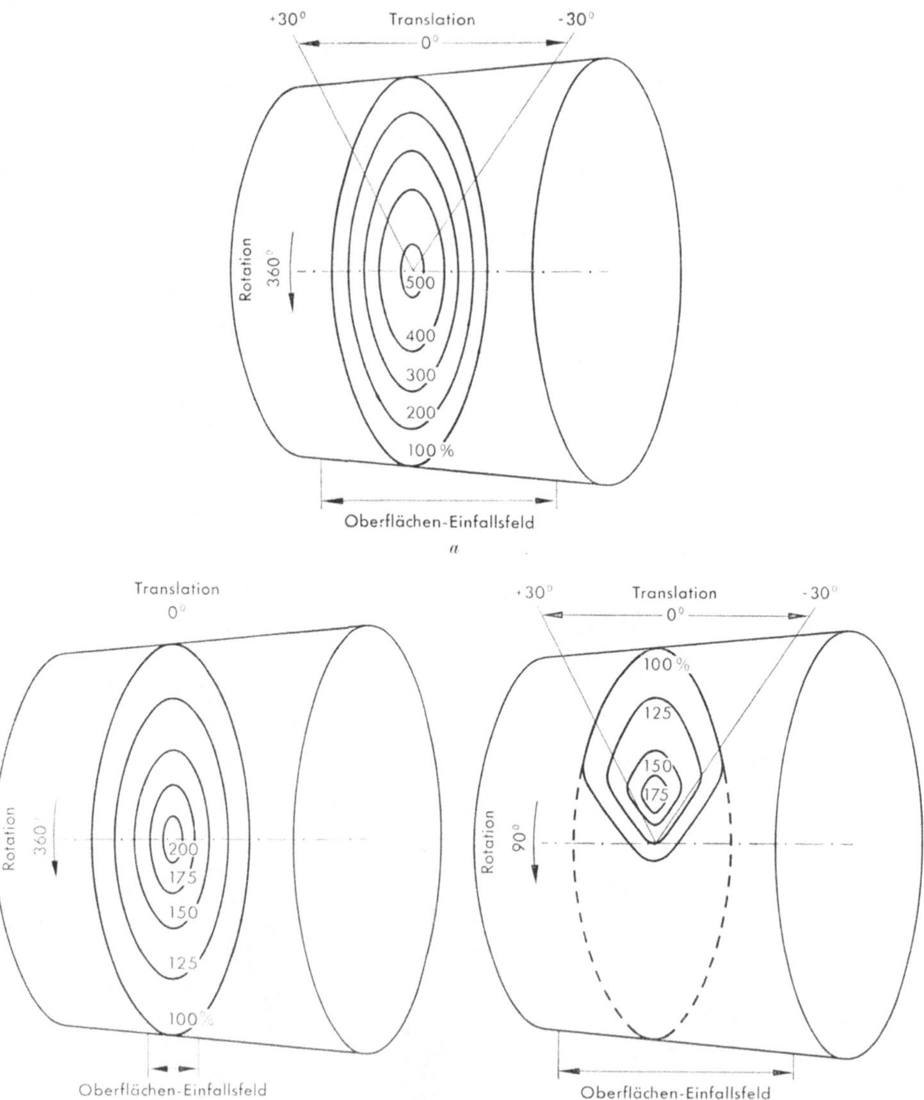

Abb. 11. Bedingung der Rotation (*b*) und Bedingung der Kegel- bzw. Spiral-Kegelkonvergenz (*c*) als
Grenzbedingung der Pendelkonvergenz (*a*) dargestellt

gleichzeitige Ablauf der Bewegungen ist dabei so geartet, daß die Rotations-
geschwindigkeit 360° pro Minute beträgt, während die translatorische Winkelbewegung um den Konvergenzwinkel von 60° eine sehr viel langsamere Bewegung
von etwa 7° pro Minute aufweist. Durch diese unterschiedliche Geschwindigkeit
ist sichergestellt, daß durch eine Vielfachüberschneidung sowohl auf der Haut als

auch im Körperinneren eine gleichmäßige Dosisverteilung ohne örtliche Dosisüberhöhungen erreicht wird.

Die Pendelkonvergenz stellt aber nicht nur die optimale Bestrahlungsmethode dar, sondern sie schließt auch die Möglichkeiten der bisherigen Arten der Bewegungsbestrahlung in sich ein. Ihre eine Grenzbedingung für den Fall eines Konvergenzwinkels von 0° stellt die Rotations- bzw. Pendelbestrahlung dar, während die andere Grenze bei Verminderung des Rotationswinkels auf 60°—90° die Bedingung der Kegel- bzw. Spiral-Kegelkonvergenz erfüllt (Abb. 11). Es ist jedoch naheliegend, und die Erfahrung hat es erwiesen, daß in fast allen Krankheitsfällen weder die eine noch die andere Grenzbedingung jeweils das Optimum darstellt, sondern meist eine zwischen beiden liegende Bedingung, also die Pendelkonvergenz schlechthin mit einem Pendelwinkel von 120°—300° bei einem Konvergenzwinkel von 60°.

Durch die Art der technischen Lösung am „Müller TU 1" ist es ferner möglich, durch Wahl eines festen Translationswinkels (Winkel des Zentralstrahles zur Rotationsebene) die Schrägrotationsbestrahlung durchzuführen. Die für die Pendelkonvergenz notwendige Spindelsteuerung erlaubt in diesen Fällen eine automatische Einstellung des Röntgenstrahlenkegels auf den Krankheitsherd unter jedem Translationswinkel an einer Winkelskala, ohne daß Tabellen, Rechnungen und andere Hilfsmittel notwendig werden. Es ist damit auch in diesen Sonderfällen die prinzipielle Forderung nach einer einmaligen und einfach zu reproduzierenden Einstellung am Patienten erfüllt.

V. Zur Einstelltechnik bei Bewegungsbestrahlung

Für die Einstelltechnik bei der Stehfeldbestrahlung sind zahlreiche Hilfseinrichtungen entwickelt worden. Sie sind fast ausschließlich mechanischer Art, was seine Ursache in erster Linie in der Tatsache hat, daß bei der Stehfeldbestrahlung durch die Verwendung von Bestrahlungstubussen eine gewissermaßen feste Verbindung zwischen Bestrahlungsgerät und Patient hergestellt wird. Diese Voraussetzung entfällt jedoch meist bei den Bewegungsbestrahlungsmethoden. Der Patient wird dann mechanisch unabhängig vom Gerät und ist im freien Rotationskreis des Röhrenfokus bei der Rotationsbestrahlung nur einer durch die Geometrie der Anordnung bestimmten Drehachse, bei der Pendelkonvergenzbestrahlung dem gemeinsamen Drehpunkt zweier Drehbewegungen so zugeordnet, daß eine Übereinstimmung mit dem Krankheitsherd erzielt wird. Auf Grund der Tatsache, daß bei der Bewegungsbestrahlung — im Gegensatz zur Stehfeldbestrahlung — eine solche Zuordnung nicht durch Bewegung des Gerätes, sondern durch Bewegung des Patienten mit Hilfe eines Speziallagerungstisches erfolgt, würden mechanische Einstellhilfen insofern versagen, als der Patient beim Einstellvorgang mit ihnen kollidiert. Es müssen also zwangsläufig Einstellhilfen, wie Lichtstrahlen und Röntgenstrahlenbündel benutzt werden, die — in rechtwinkligen Koordinaten ausgerichtet — sich im Drehpunkt des Bewegungssystems treffen (Abb. 12).

Ein solches raumfestes, vom Bewegungsmechanismus unabhängiges Lichtstrahl-Koordinatensystem erzeugt auf der Haut Lichtmarken, die durch Bewegung des Patienten mit Hilfe des Bestrahlungstisches auf der Körperoberfläche so verlagert werden, daß sich die verlängert gedachten Lichtstrahlen im Krankheitsherd treffen.

Enden die Lichtstrahlen als Lichtmarken auf der Haut, so erlauben in gleichen Richtungen gestrahlte Röntgenstrahlenbündel einen Ein- und Durchblick durch den Körper in Richtung des Krankheitsherdes. Eine solche, in gleichem Sinne wie das Lichtstrahlsystem wirkende Durchleuchtungskontrolle läßt sich am Gerät selber unter Verwendung der Therapieröhre als Diagnostikröhre durchführen. Es wird hierbei der Bereich um den Krankheitsherd auf einem jenseits des Patienten an einem Tragarm angebrachten Leuchtschirm sichtbar gemacht. Durch geeignete Lagekorrekturen am Bestrahlungstisch kann so das Gebiet des Krankheitsherdes zentral zum Bestrahlungsfeld eingestellt werden. Wird diese Manipulation bei vertikaler und horizontaler Durchleuchtung vorgenommen, so liegt das Gebiet des Krankheitsherdes exakt im Drehpunkt.

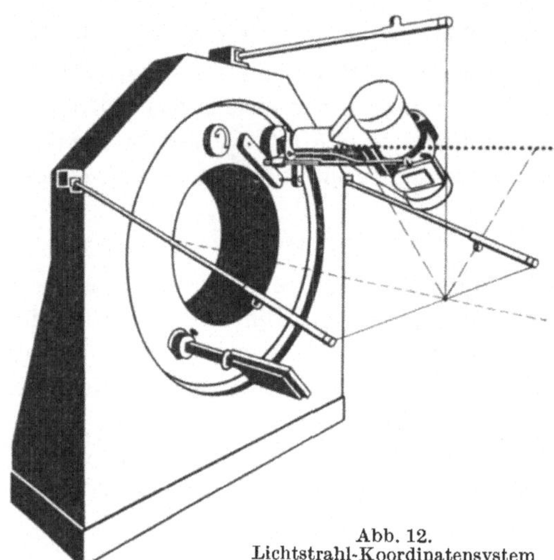

Abb. 12.
Lichtstrahl-Koordinatensystem

Durch beide Einstellhilfen wird — in ähnlicher Weise wie durch den Tubus bei der Stehfeldbestrahlung — eine feste Beziehung des Krankheitsherdes und damit des Patienten zum Bestrahlungsgerät hergestellt.

Diese Art einer in das Bestrahlungsgerät selbst eingefügten Einrichtung zur Einstellung des Patienten und zur Festlegung des Drehpunktes unter Verwendung von Lichtmarken und Röntgenstrahlen wurde erstmalig am „Müller TU 1" verwirklicht. Sie hat sich — von der Praxis her gesehen — als unumgänglich notwendig und von grundsätzlicher Bedeutung erwiesen, wie unten näher ausgeführt ist.

VI. Die fundamentale Bedeutung des Drehpunktes für die Bestrahlungsmethodik

Für die Stehfeldbestrahlung bestimmt der Tubus durch Festlegung der Richtung des Röntgenstrahlenkegels und des Fokus-Haut-Abstandes die geometrischen Bestrahlungsbedingungen.

Bei der Bewegungsbestrahlung wird diese Aufgabe vom Drehpunkt übernommen. In jeder Winkelstellung ist der Röntgenzentralstrahl auf den Drehpunkt ausgerichtet und damit eine feste Beziehung zum Fokus gegeben.

Lichtstrahlen und Durchleuchtungskontrolle ermöglichen es, den Drehpunkt nach außen zu projizieren und als Lichtmarke auf der Haut zu kennzeichnen. Es werden dadurch folgende wichtige Anwendungen möglich:

a) Lokalisation und Festlegung des Krankheitsherdes im Patientenquerschnitt. In der oben beschriebenen Weise wird der Drehpunkt mit dem Krankheitsherd in Übereinstimmung gebracht. In dieser Lage wird der Patientenquerschnitt in der

Rotationsebene, z. B. mit einem Querschnitt-Zeichengerät oder mit einem weichen Aluminiumstreifen (Orthopädisches Abformband) abgeformt, ferner die den Krankheitsherd auf der Haut kennzeichnenden Lichtmarken auf dem Metallstreifen angezeichnet, und dann alles in Originalgröße auf einen Papierbogen übertragen. Der Kreuzungspunkt der Verbindungslinien durch die Lichtmarkierungen ist der Drehpunkt und damit der Mittelpunkt des Krankheitsherdes innerhalb der Körperquerschnittskontur genau festgelegt.

b) Reproduzierbarkeit der Einstellung des Patienten. An den Stellen der Lichtmarken werden auf der Haut nicht abwaschbare Markierungen angebracht. Diese Hautmarken erleichtern eine rasche Reproduzierbarkeit der Einstellung des Patienten bei den folgenden Bestrahlungen, denn sie brauchen nur mit den Lichtmarken wieder in Übereinstimmung gebracht zu werden.

c) Erzielung der Übereinstimmung von Dosismaximum und Krankheitsherd. Wie weiter unten ausgeführt, lassen sich feste Beziehungen der Lage des Drehpunktes zum Dosismaximum und damit zum Krankheitsherd bestimmen. Durch Korrektur der Patienteneinstellung am Bestrahlungstisch kann der Drehpunkt in einen solchen Abstand (Drehpunkt-Abstand) vom Krankheitsherd gebracht werden, daß eine Übereinstimmung mit dem Dosismaximum erreicht wird.

d) Dosierungsbasis. Die Dosis frei in Luft gemessen im Drehpunkt, stellt den Basiswert für die Bestimmung der Herd- und Oberflächendosis dar und ist damit die Grundlage für die Dosistabellen.

B. Dosisverteilung bei Bewegungsbestrahlung

I. Prinzipielles über die Dosisverteilung bei Bewegungsbestrahlung

Das wesentliche Merkmal der Dosisverteilung bei der Bewegungsbestrahlung gegenüber der Bestrahlung mit feststehendem Feld ist nach Abb. 13 die Tatsache, daß der Dosisabfall (ausgezogene Kurve) von der Oberfläche zum Krankheitsherd (Rotationsachse, Lage des Drehpunktes, strichpunktiert) hin durch den Bewegungsvorgang in einen Dosisanstieg (gestrichelte Kurve) verwandelt wird. Die Bogenpfeile deuten dabei die wichtige Tatsache an, daß der Bewegungseffekt um so größer wird, je weiter der betrachtete Punkt von der Rotationsachse (Drehpunkt) bzw. vom Krankheitsherd entfernt ist und je näher er damit dem Fokus liegt. Diese Feststellung ist von fundamentaler Bedeutung, denn sie sagt aus, daß die Oberflächendosis bei der Bewegungsbestrahlung um so niedriger ist, je näher die Oberfläche dem Fokus liegt! Es

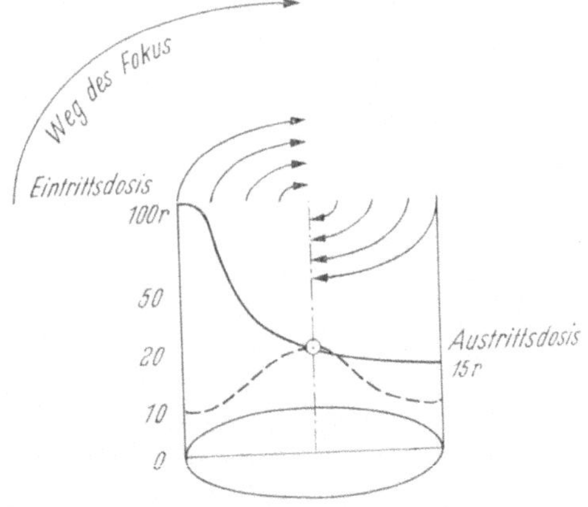

Abb. 13. Prinzip-Schema der Rotationsbestrahlung

bedeutet dieses eine völlige Umkehr der von der Stehfeldbestrahlung her bekannten Tatsache, daß die Oberflächendosis um so höher ist, je geringer der Fokus-Haut-Abstand wird.

Auch bei der Dosisverteilung in der durchstrahlten Ebene (Isodosenschnitt) liegen die Dinge bei der Bewegungsbestrahlung schon in der Vorstellung schwieriger. Bei der Stehfeldbestrahlung wird im allgemeinen die bestrahlte Körperoberfläche im Bereich der Feldgröße in erster Näherung als Ebene und ohne Einfluß auf die Gestaltung der Isodosen in der Tiefe angesehen. Die Isodosen liegen zudem im Stehfeld unmittelbar bei Beginn der Bestrahlung in einer, jedem Strahlentherapeuten bekannten Weise fest. Bei der Bewegungsbestrahlung kann die bestrahlte Körperoberfläche nicht mehr als Ebene angesehen werden, sondern ist je nach Lage des Krankheitsherdes eine von Fall zu Fall sehr verschieden geformte Kurvenfläche. Zum anderen liegen die Isodosen erst am Schluß des Bewegungsablaufes fest und sind durch die Wahl des Rotations- bzw. des Konvergenz-Winkels, durch Körperform und Absorptionsunterschiede des durchstrahlten Gewebes in einer nicht ohne weiteres erfaßbaren Weise beeinflußt.

Es gibt hier nur einen rationellen Lösungsweg, der in der Ermittlung von Isodosen durch umfangreiche Messungen an homogenen und körperähnlichen Phantomen besteht, in der Ableitung der Gesetzmäßigkeiten und der Schulung der Vorstellung.

II. Darstellung der Dosisverteilung durch Isodosenbilder

In der Bewegungsbestrahlung hat es sich aus oben erläuterten und unten noch näher ausgeführten Gründen als notwendig erwiesen, die Dosisverhältnisse durch Isodosenbilder darzustellen. Es wird dabei vorwiegend mit Querschnitt-Isodosen (Abb. 14) gearbeitet, die eine Darstellung in Richtung der Feldbreite bedeuten

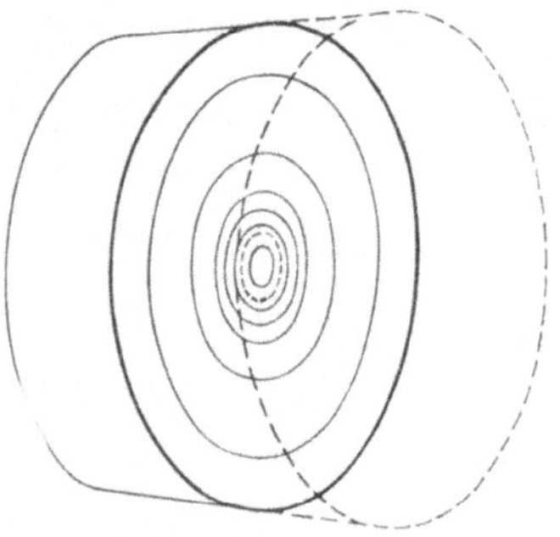

Abb. 14. Querschnitt-Isodosenbild

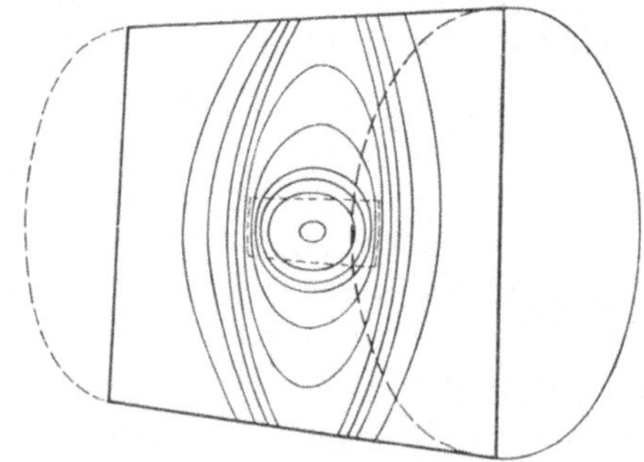

Abb. 15. Längsschnitt-Isodosenbild

und den geometrisch ausgestrahlten Zylinder in der Abmessung der gewählten Feldgröße als Kreis um die Rotationsachse erscheinen lassen. Die zwar weniger gebräuchlichen, aber deswegen nicht weniger wichtigen Längsschnitt-Isodosen zeigen den geometrisch ausgestrahlten Zylinder als Rechteck (Abb. 15) und den typischen Dosisabfall beiderseits in Richtung der Feldlänge. Der Punkt in der Mitte des Zylinders, d. h. wo der Zentralstrahl des Röntgenstrahlenkegels die Rotationsachse trifft, wird als Drehpunkt bezeichnet. Liegt das Dosismaximum nicht im Drehpunkt, so ist dieser Längsschnitt durch das Dosismaximum zu legen, wie dieses bei den „Typischen Beispielen zur Einstelltechnik und Dosisermittlung" geschehen ist.

III. Ausbildung der Dosisverteilung bei Rotationsbestrahlung

Wie sich die Dosisverteilung beim Übergang vom Stehfeld bis zur vollen Rotation durch die Wirksamkeit des Bewegungseffektes im einzelnen verändert, ist in fünf Isodosenschnitten an einem Zylinderphantom dargestellt (Abb. 16).

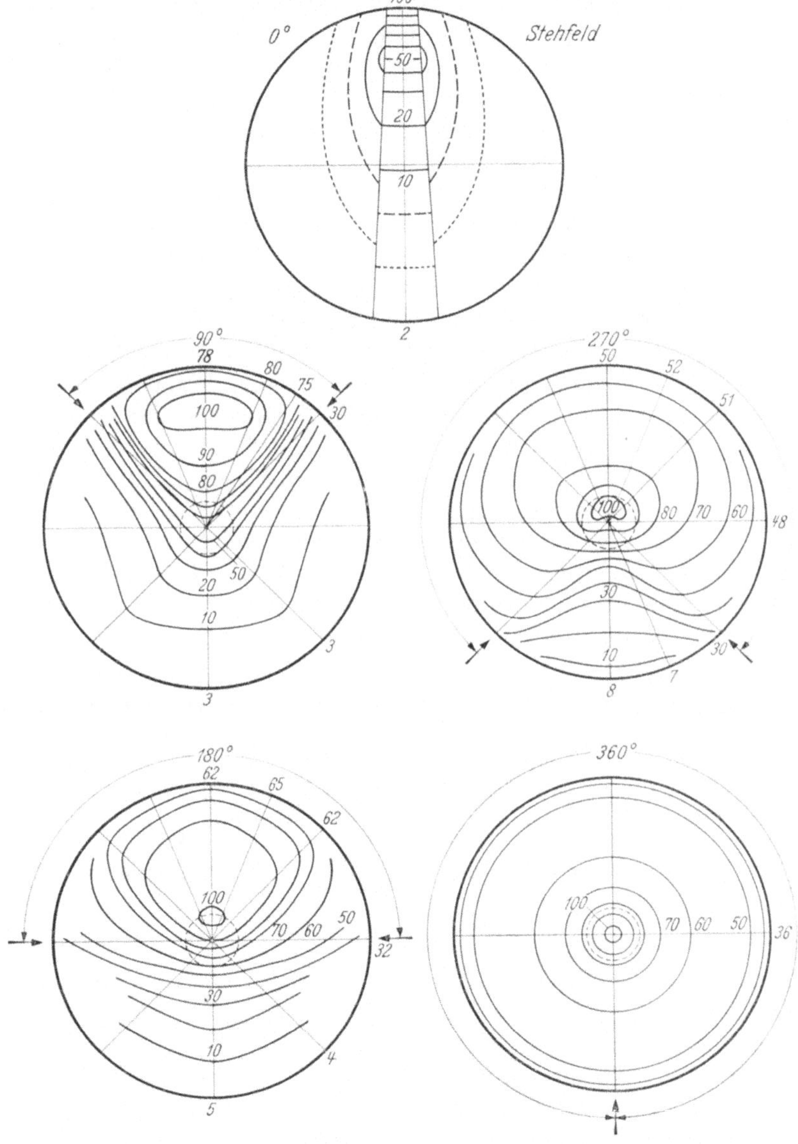

Abb. 16. Querschnitt-Isodosen im Zylinder-Phantom (Rot 90°; 180°; 270°; 360°; Feldbreite 5 cm) (nach H. NIELSEN)

Beim Stillstand der Röhre, also im normalen Stehfeld zeigt sich im Röntgenstrahlenkegel der bekannte Dosisabfall mit dem Maximum (100%) an der Oberfläche und etwa 11% an der Rotationsachse in der Zylindermitte. Ferner ist der

Streustrahlenmantel angedeutet, der den Strahlenkegel umgibt. Dieser Streustrahlenmantel hat bei der Bewegungsbestrahlung insofern eine Bedeutung, als er — besonders in seinem oberflächennah gelegenen Teil maximaler Intensität — einen Einfluß auf die Ausbildung der Dosisverhältnisse gewinnt. Das ganze Gebilde — Strahlenkegel mit Streustrahlenmantel — dreht sich nun um die Achse des Zylinderphantoms, und zwar im nächsten Isodosenschnitt von —45° über die 0°-Stellung bis +45°, also insgesamt um einen Winkel von 90°. Es bedeutet dies, daß sich die hohe Einfallsdosis auf $^1/_4$ der Zylinderoberfläche verteilt, während der Strahlenkegel dauernd auf den Mittelpunkt gerichtet bleibt. Hieraus resultiert eine Verminderung der Dosis pro Flächeneinheit der Oberfläche und damit die Ausbildung eines relativen Maximums (100%) im Inneren des Zylinders. Bei einer größeren Winkelbewegung wirkt sich dieser Vorgang der Verwischung der Einfallsdosis über einen großen Teil der Oberfläche, d. h. einer kurzzeitigen Bestrahlung jeder Oberflächeneinheit unter gleichzeitig andauernder Bestrahlung des Phantommittelpunktes immer ausgesprochener aus. Bei einer Drehung von —90° bis +90°, also um 180°, ist das Maximum (100%) schon weit zum Mittelpunkt gerückt, während es bei 270° fast und bei der vollen Rotation um 360° völlig zentral liegt. Während dieser Wanderung des Dosismaximums (100%) mit zunehmendem Rotationswinkel von der Oberfläche zur Mitte hin nimmt die wirksame Oberflächendosis von 100% beim Stehfeld (0°), auf 78% bei 90°, 62% bei 180°, 50% bei 270° und schließlich auf 36% bei 360° ab. Gleichermaßen steigt die Dosis im Phantommittelpunkt von etwa 11% beim Stehfeld, bereits auf 55% bei 90°, etwa 90% bei 180° und schließlich auf 100% mit Verlagerung des Dosismaximums in den Mittelpunkt bei 360°. Die relative Tiefendosis (rTD), also das Verhältnis von Herddosis zur Oberflächendosis, ändert sich dabei von 11/100 auf 100/36, kehrt sich also völlig um.

IV. Gestaltung der Querschnitt-Isodosen bei Rotationsbestrahlung

Neben den Dosisverhältnissen an den markanten Punkten, an der Oberfläche, im Dosismaximum und an der Rotationsachse, ist die Form der Isodosen von gleicher Wichtigkeit.

1. Isodosen im homogenen Zylinder-Phantom

Die Form der Isodosen bzw. das Isodosenbild ist für jeden Rotationswinkel typisch, so typisch wie diejenigen des Strahlenkegels eines Stehfeldes.

So zeigt im Zylinder-Phantom (Abb. 16) das Isodosenbild bei 90° die scharfe, spitzenwinklige Form — ähnlich den Isodosen der Spiralkonvergenz (72°) —, wobei bemerkenswert ist, daß der Winkel, den die Isodosen bilden, immer kleiner ist als der gewählte Rotationswinkel. Dieses ist sehr deutlich und typisch für das Isodosenbild von 180°, wo man als Begrenzung vielleicht parallel quer durch das Phantom verlaufende Isodosen erwarten sollte. Diese werden erst bei einem Rotationswinkel von etwa 210° erreicht. Bei Rotationswinkeln 240°—300°, in unserem Beispiel 270°, entsteht als typisches Kennzeichen die Einbuchtung der Isodosen zur Rotationsachse hin im Bereich des „toten Winkels", der vom Strahlenkegel nicht erfaßt wird. Erst bei einem Rotationswinkel von 360° treten kreissymmetrische Verhältnisse auf.

2. Isodosen im homogenen Oval-Phantom

Das Gesamtbild der Isodosen wird durch die Form des Phantoms modifiziert, doch bleiben die für die verschiedenen Rotationswinkel typischen Kennzeichen erhalten. Dieses ist an einem Oval-Phantom in Abb. 17 gezeigt. Es sind alle oben geschilderten typischen Formgebungen zu erkennen, jedoch treten zwei für die Ovalform typische Kennzeichen neu hinzu. Dieses ist einmal eine Aufweitung der äußeren Isodosen, die bestrebt sind, sich der äußeren Form des bestrahlten Körpers anzupassen. Gegenläufig wirkt der zweite Effekt, der die inneren Isodosen im

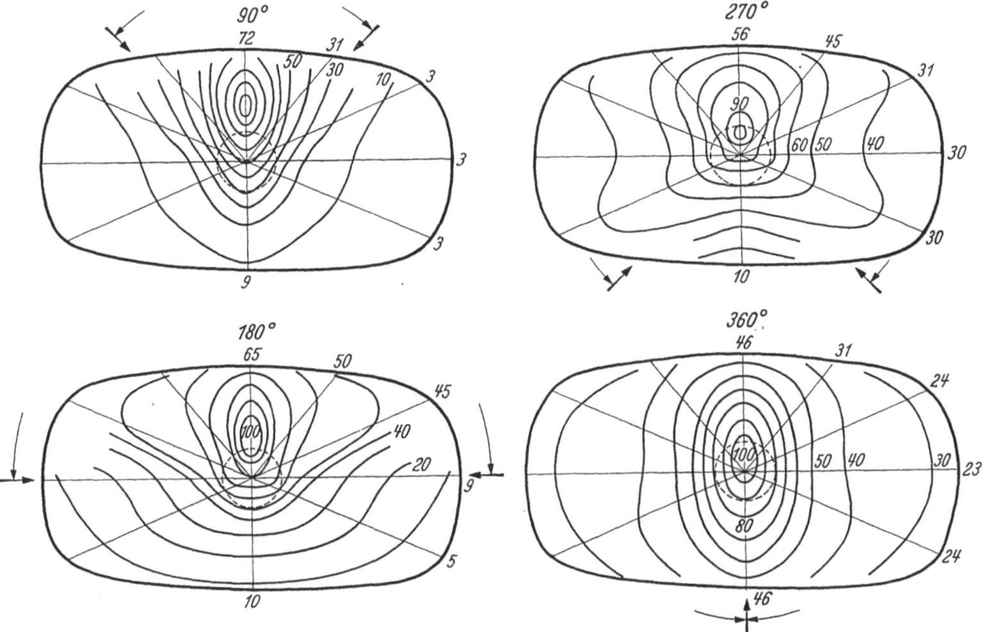

Abb. 17. Querschnitt-Isodosen im Oval-Phantom (nach H. NIELSEN) (Rot 90°; 180°; 270°; 360°; Feldbreite 5 cm)

Bereich des größeren Abstandes von der Oberfläche zusammendrängt und im Bereich des geringsten Abstandes zur Oberfläche hin auseinanderzieht. Ursache dieses gegenläufigen Effektes ist der durch das Absorptionsgesetz bedingte bevorzugte Strahlenzufluß zum Dosismaximum im Bereich des kürzesten Abstandes von der Oberfläche. Mit zunehmendem Abstand von der Oberfläche vermindert sich der Strahlenzufluß zum Dosismaximum exponentiell sehr rasch und beträgt im Bereich des längsten Abstandes nur noch ein Bruchteil des maximalen Zuflusses.

Bereits bei einem Rotationswinkel von 90° (Abb. 17) zeigen sich diese Effekte sehr deutlich. Die äußeren Isodosen sind gegenüber dem Zylinder-Phantom der großen Breite des Oval-Phantoms entsprechend breiter ausgelegt. Die inneren Isodosen erscheinen durch die größere Weglänge der Röntgenstrahlen an den Winkelgrenzen (Einstrahlung in eine Ebene) seitlich zusammengedrückt und in Richtung des kürzesten Abstandes von Dosismaximum zur Oberfläche hin auseinandergezogen.

Das Gesamtbild der Isodosen — insbesondere der inneren — macht daher den Eindruck, als ob hier ein kleinerer Rotationswinkel als 90° wirksam gewesen ist. Den gleichen Eindruck eines kleineren Winkels empfindet man beim Isodosenbild des Rotationswinkels von 180°. Noch deutlicher als bei 90° tritt hier das Wechselspiel beider Effekte in Erscheinung. Die äußeren Isodosen versuchen, sich den breiteren Abmessungen des Phantoms anzupassen, während die inneren Isodosen seitlich stark zusammengedrängt sind, ja sogar im Bereich der beiderseitigen größten Abstände zur Oberfläche hin den Beginn einer Einschnürung aufweisen. Besonders charakteristisch sind alle Effekte beim Rotationswinkel 270°. Typisch die Einbuchtung der Isodosen im Bereich des „toten Winkels", die breite Ausladung der äußeren Isodosen, die seitliche Zusammendrängung der inneren Isodosen und die hier sehr deutliche Einschnürung im Bereich der beiderseitigen größten Abstände. Beim Rotationswinkel 360° tritt schließlich Rotationssymmetrie ein. Ersichtlich ist die Anpassung der äußeren Isodosen an die Ovalform sowie die Zusammendrängung und Einschnürungstendenz der inneren Isodosen.

3. Einfluß von Feldgröße und Drehpunktlage auf die Isodosen

Werden die unterschiedlichen Einstrahlungsbedingungen auf den Herd noch ungünstiger, wie es z. B. bei Vergrößerung der Feldbreite der Fall ist, so kann die Einschnürungstendenz sogar zu einer Aufspaltung in zwei Dosismaxima führen.

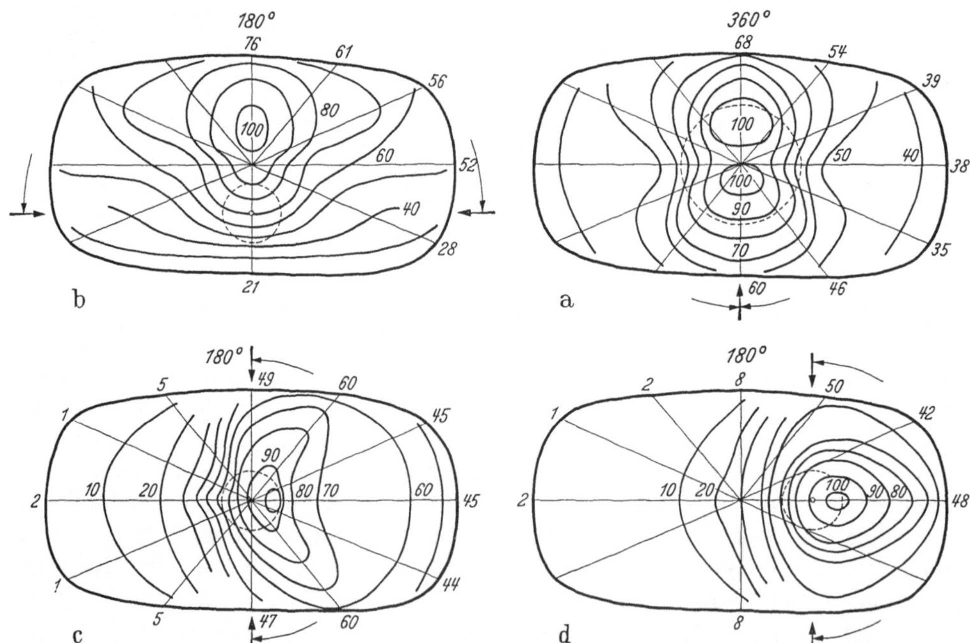

Abb. 18. Querschnitt-Isodosen im Oval-Phantom (nach H. NIELSEN) (Rot 180°; Feldbreite 5 cm)

Dieser für einen Rotationswinkel von 360° und eine Feldbreite von 10 cm in Abb. 18a gezeigte Fall läßt jedoch auch erkennen, daß der Gesamtcharakter des Isodosenbildes trotzdem erhalten bleibt. Auch eine Verlagerung des Drehpunktes kann ohne Einfluß auf das Isodosenbild bleiben (Abb. 18b), jedoch auch von merklicher Wirkung sein, wenn dadurch einer der charakteristischen Effekte in seiner Wirksamkeit ausgeschaltet wird. In Abb. 18 ist für eine Rotation von 180° über die Seite das Isodosenbild bei zentraler (c) und bei um 4 cm exzentrischer Lage des Drehpunktes (d) dargestellt. Beiden Isodosenbildern ist das typische Kennzeichen der 180°-Rotation eigen, erkenntlich an dem etwas geringeren Winkel, den die Isodosen an der Begrenzung des Rotationsbereiches bilden, wie auch an der Anpassung der äußeren Isodosen an die Form des Phantoms. Bei zentraler Lage des Drehpunktes ist erwartungsgemäß die Zusammendrängung und Einschnürung der inneren Isodosen im Bereich des größten Abstandes von der Oberfläche zu erkennen. Als Ursache haben wir oben den unterschiedlichen Strahlenzufluß erkannt, der hier von oben und unten wesentlich stärker ist als von der Seite. Aus den typischen Kennzeichen des 180°-Rotationswinkels und der unterschiedlichen Abstände des Dosismaximums von der Oberfläche resultiert dann der eigenartige mondsichelförmige Verlauf der inneren Isodosen. Verlegt man den Drehpunkt zur Seite, so gelangt man zu gleichen Abständen des Dosismaximums von der Oberfläche, und der genannte Effekt ist kompensiert. In Abb. 18d ist bei 4 cm exzentrischer Lage des Drehpunktes der Effekt sogar bereits überkompensiert. Der Strahlenzufluß von der Seite ist jetzt größer als von oben und unten. Als Folge sind die inneren Isodosen jetzt zur Seite hin auseinandergezogen und von oben und unten her zusammengedrängt. Ist eine gleichmäßige Dosisverteilung erwünscht, so müßte die exzentrische Lage etwas vermindert werden, etwa 3 cm, statt der hier gewählten 4 cm. Den gleichen Effekt erreicht man durch Vergrößerung des Rotationswinkels auf z. B. 220°. Nach den Ausführungen unter D., I., 2. wird so das Dosismaximum näher an den Drehpunkt herangeholt und dadurch ein Ausgleich der Abstände zur Oberfläche erzielt, wie bei einer Drehpunktverschiebung bei gleichbleibendem Winkel. Gleichzeitig wird bei der Vergrößerung des Rotationswinkels von 180° auf 220° erreicht, daß jetzt die Isodosen an der Begrenzung des Bestrahlungsbereiches senkrecht von oben nach unten verlaufen.

4. Isodosen im inhomogenen Oval-Phantom

Der menschliche Körper läßt durch die unterschiedlichen Absorptionsverhältnisse für Röntgenstrahlen von den oben an homogenen Paraffin-Phantomen erörterten Verhältnissen z. T. wesentliche Abweichungen erwarten.

In Abb. 19 sind vergleichsweise die Isodosenbilder für einen Rotationswinkel von 360° in zwei Thorax-Phantomen dargestellt. Das eine besteht homogen aus Paraffin, während im anderen — inhomogenen Phantom — ein Teil der Wirbelsäule eingeschmolzen ist, sowie die Gebiete der Lunge durch Zellstoff ersetzt sind. Im homogenen Phantom zeigen die Isodosen die typische Form, wie sie vom Oval-Phantom her bekannt ist. Interessant sind die Feinheiten im Verlauf der inneren Isodosen, die durch die wechselnden Abstände des Dosismaximums von der etwas unregelmäßiger geformten Oberfläche hervorgerufen werden. Im inhomogenen Phantom ist durch die geringere Absorption in den Lufträumen der Strahlenzufluß zum Dosismaximum wesentlich erhöht worden, während die Oberflächendosis praktisch unverändert bleibt. Daraus resultiert ein sehr viel steilerer Dosisanstieg von der Oberfläche zum Dosismaximum, was sich im Isodosenbild durch eine starke Zusammendrängung der Isodosen bemerkbar macht.

Ähnlich starke Abweichungen sind im Beckenbereich durch den knöchernen Beckenring zu erwarten. In Abb. 20 sind vergleichsweise die Isodosen für einen

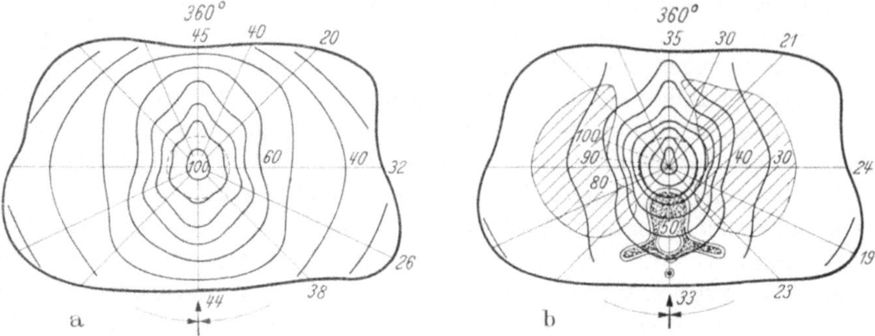

Abb. 19. Querschnitt-Isodosen im Thorax-Phantom (nach H. NIELSEN) (Feldbreite 5 cm)

Rotationswinkel von 360° in einem homogenen und in einem durch Knocheneinschluß inhomogenen Becken-Phantom gegenübergestellt. Das homogene

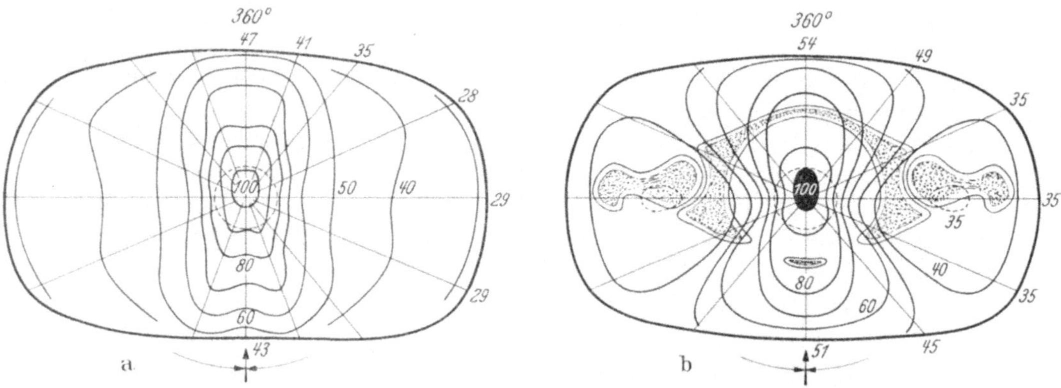

Abb. 20. Querschnitt-Isodosen im Becken-Phantom (nach H. NIELSEN) (Feldbreite 5 cm)

Becken-Phantom zeigt das erwartete Isodosenbild, insbesondere die Zusammendrängung und Einschnürung der inneren im Bereich des größten Abstandes zur Oberfläche durch den aus dieser Richtung verminderten Strahlenzufluß. Im inhomogenen Phantom wird dieser Effekt durch die gerade in dieser Richtung liegende Hauptmasse der Knochen wesentlich verstärkt, erkenntlich an der übermäßig starken Einschnürung der inneren Isodosen sowie der beiden seitlichen isoliert liegenden Minima. Zwar sind die im Bereich des Schenkelhalses liegenden Minima für die wünschenswerte Strahlenentlastung günstig, doch würden die ebenfalls strahlensen-

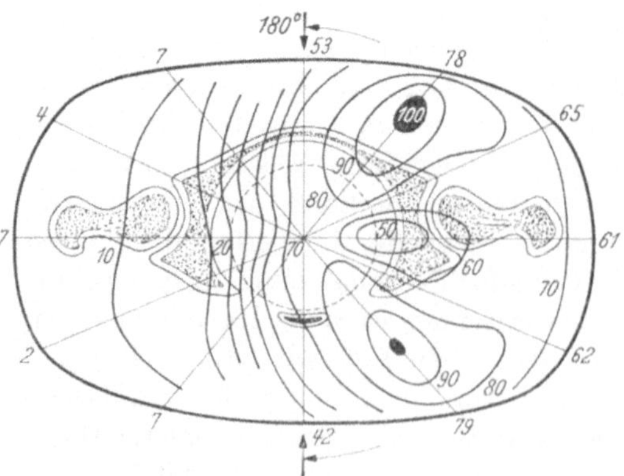

Abb. 21. Querschnitt-Isodosen im Becken-Phantom
(nach H. NIELSEN) (Feldbreite 10 cm)

siblen Blase und Rectum im Bereich der höchsten Dosis liegen. Auffällig ist die geringe Beziehung der benutzten Feldbreite zu dem wirklich ausgestrahlten Gebiet. Dieses wird besonders deutlich bei einer Bestrahlung desselben Phantoms mit einem Rotationswinkel von 180° über die Seite (Abb. 21). Durch die benutzte Feldbreite von 10 cm erscheint das kleine Becken geometrisch betrachtet voll ausgestrahlt. Tatsächlich bedingen die anatomischen Verhältnisse eine Aufspaltung in zwei außerhalb des kleinen Beckens liegende Dosismaxima. Es wird niemand ohne Kenntnis der Grundgesetze, die bei der Gestaltung der Isodosen wirksam sind, solche Dosisverteilung erwarten.

5. Folgerungen für die Praxis

Die genaue Kenntnis dieser Gesetzmäßigkeiten, die bei der Ausbildung der Isodosen wirksam sind, ist daher eine wesentliche Voraussetzung, die Dosisverteilung im einzelnen Bestrahlungsfall zu erfassen. So ist es z. B. nicht ohne weiteres naheliegend, daß in einem Oval-Phantom, das etwa dem Querschnitt des menschlichen Rumpfes entspricht, die Isodosen weder dem ausgestrahlten Rotationszylinder (gestrichelt) entsprechend kreisrund sind, noch etwa oval verlaufend sich dem Querschnitt anpassen. Vielmehr verlaufen sie ausgesprochen ungünstig oval um 90° zum Oval des Phantoms gedreht. Ferner erkennt man, daß die geometrische Feldbreite keinerlei Aussage über das tatsächlich ausgestrahlte Gebiet erlaubt.

Das menschliche Auge und die Vorstellung sind immer geneigt, von einer gegebenen Bedingung linear und gradlinig zu extrapolieren. Typisch für diese menschliche Unzulänglichkeit sind die optischen Brechungsgesetze, die dem Betrachter z. B. eine „Fata Morgana" vorgaukeln. Als geradezu klassisch könnte man hier das Schulbeispiel eines im Wasser durch die Strahlenbrechung geknickt erscheinenden Stabes heranziehen. Würde man in solchem Falle versuchen, die Spitze des schräg im Wasser liegenden Stabes mit Röntgenstrahlen zu bestrahlen, so würde ein optisch darauf eingestelltes Röntgenstrahlenbündel weit an der Spitze vorbeigehen, da es den Brechungsgesetzen der Lichtstrahlen nicht gehorcht.

Genau der gleichen Täuschung unterliegt man, wenn unter ständiger Durchleuchtungskontrolle z. B. auf dem Drehstuhl, auf den gestrichelt gezeichneten Kreis im Oval-Phantom (Abb. 18b) über einen Winkel von 180° eingestrahlt würde. Obgleich während der Bewegung der dort angenommene und markierte Krankheitsherd auf dem Leuchtschirm dauernd in der Mitte des Strahlenkegels gehalten wird, liegt das Dosismaximum weit außerhalb. Die Täuschung dürfte eine vollständige sein, denn die Isodosen zeigen, daß ein Gebiet außerhalb des Krankheitsherdes, zu dessen Schonung man ja gerade den ganzen Aufwand treibt, eine etwa um die Hälfte höhere Dosis als der Krankheitsherd erhält! Genau wie beim Beispiel der Strahlenbrechung vermag hier das Auge die im Phantom wirksamen Gesetze der Absorption und Streuung nicht zu berücksichtigen.

Folgende Schlüsse lassen sich aus diesem Gedankenexperiment ziehen: Einmal ist die Methode der ständigen Durchleuchtungskontrolle am Drehstuhl während der Bestrahlung nicht das absolut exakte Hilfsmittel, als das es allgemein hingestellt wird. Fallen Drehpunkt und Dosismaximum nicht exakt zusammen, so kann es zu schwerwiegenden Bestrahlungsfehlern kommen! Es ist daher zum anderen notwendig, sich genaue Kenntnisse über die Gesetzmäßigkeiten der Lage des Dosismaximums zum Drehpunkt zu verschaffen, gewissermaßen eine kleine „Röntgenstrahlen-Schießlehre", der zu entnehmen ist, um wieviel jeweils „vorzuhalten" ist, damit Dosismaximum und Krankheitsherd in ihrer Lage übereinstimmen.

V. Gestaltung der Längsschnitt-Isodosen bei Rotationsbestrahlung

Wie bei den Querschnitt-Isodosen lassen sich auch bei den Längsschnitt-Isodosen typische Merkmale aufzeigen.

Charakteristisch und viel diskutiert ist der wegen seiner therapeutischen Bedeutung so wesentliche Unterschied des Dosisabfalls in Richtung der Feldlänge gegenüber demjenigen in Richtung der Feldbreite.

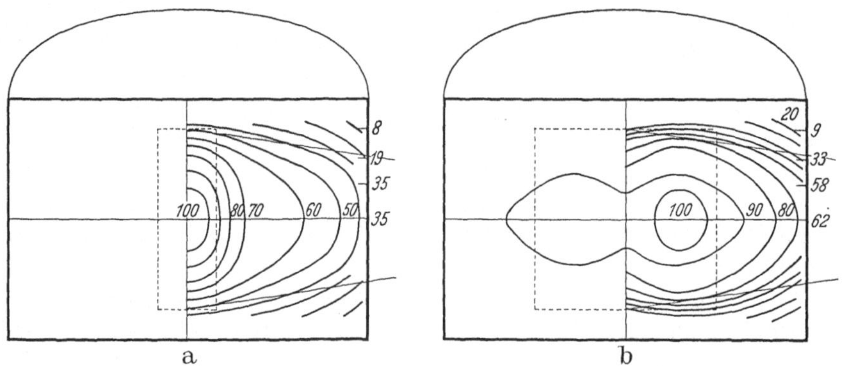

Abb. 22. Längsschnitt-Isodosen (nach H. NIELSEN)

In Abb. 22a ist ein Längsschnitt-Isodosenbild gezeigt, dessen Bestrahlungsbedingungen mit einem Rotationswinkel von 360°, einer Feldgröße (Achsenfeld) von 5 × 15 cm in einem Paraffin-Phantom von 30 cm Durchmesser in Abb. 16 als Querschnitt-Isodosenbild dargestellt sind. In Richtung der Feldbreite des gestrichelt angedeuteten Feldausschnittes ist der Dosisabfall nur gering, und zwar etwa 5—10%. In Richtung der Feldlänge hingegen beträgt der Dosisabfall 50% und mehr und wird um so steiler, je länger das Feld im Verhältnis zu seiner Breite ist.

Bei Vergrößerung der Feldbreite tritt, wie Abb. 22b zeigt, die schon oben anhand der Querschnitt-Isodosen erläuterte Aufspaltung des Dosismaximums auch in dieser Ebene durch typische Gestaltung der Isodosen in Erscheinung.

Die Ursache dieser Besonderheit ist strahlenphysikalischer Art und in erster Linie als Wirkung der Streustrahlung zu erklären. Im Mittelpunkt des Feldes bzw. des 100%-Isodosenbereiches fällt außer der Primärstrahlung auch die Streustrahlung von *allen* Seiten des ausgestrahlten Gebietes herein. An den Feldenden bzw. den oberen und unteren Feldgrenzen des bei der Bewegung ausgestrahlten Gebietes tritt hingegen zu der bereits durch die Divergenz gegenüber der Feldmitte etwas stärker geschwächten Primärstrahlung nur von *einer* Seite die Streustrahlung hinzu. Aus der Addition der ungleichen Streustrahlungsanteile zur Primärstrahlung resultiert dann das wohl unerwartete Längsschnitt-Isodosenbild. Es ist dieses aber nicht eine Besonderheit der Bewegungsbestrahlung, sondern gilt gleichfalls für die Stehfeldbestrahlung, nur daß beim Stehfeld keine so extrem schmalen Felder Verwendung finden.

Im gleichen Sinne, wie bei der Behandlung der Querschnitts-Isodosen erläutert, tritt hier bei einer Durchleuchtungskontrolle das Täuschungsmoment in der Weise auf, daß dem Auge durch die gleichmäßige Helligkeit des ausgestrahlten Feldes der Eindruck einer gleichmäßigen Dosisverteilung innerhalb des Feldes und eines praktisch unbestrahlten Gebietes außerhalb des Feldes vermittelt wird. Auch hier bewirken also die gegenüber den lichtoptischen Gesetzen andersgearteten Verhältnisse bei den Röntgenstrahlen eine wesentliche Abweichung, und zwar in zweifachem, geradezu gegenläufigem Sinne: Einmal tritt der am oberen und unteren Ende des Feldes erwartete steile Dosisabfall bereits innerhalb des Feldes ein. So ist z. B. eine für die Feldmitte bestimmte Gesamtherddosis von 5000 r mit einem kontinuierlichen Abfall der Dosis auf etwa 2500 r verbunden. Zum anderen tritt der in Richtung der Feldbreite an den Seiten eindrucksmäßig erwartete steile Dosisabfall gar nicht ein. Wie z. B. die Abb. 22b zeigt, kann der Dosisabfall in Richtung

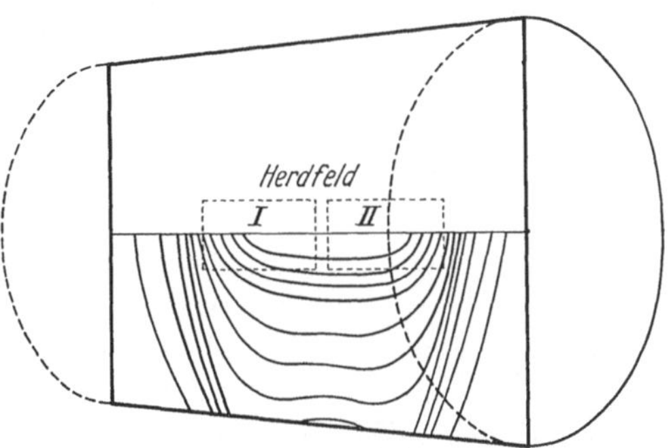

Abb. 23. Aneinandersetzen von zwei Herdfeldern
(Längsschnitt-Isodosen)

der Feldbreite so flach sein, daß die Dosis an der Oberfläche sogar noch einen höheren Wert aufweist, als es an den Feldenden der Fall ist!

Aus diesen Gegebenheiten resultiert die Vorstellung, daß die Feldbreite sogar kleiner als die angenommene Tumorausdehnung sein kann, da auch dann die Tumorausläufer immer noch eine ausreichende Dosis erhalten. Die Feldlänge wird dagegen etwas größer als die angenommene Tumorausdehnung gewählt. Die letztere Vorstellung führt dann jedoch wieder leicht zu der aus gleichen Gründen unzweckmäßigen Verwendung überlanger Felder. Das Verhältnis der Feldbreite zur Feldlänge von 1:2 sollte aus diesen Gründen nach Möglichkeit nicht überschritten werden. Andernfalls ist es vorteilhafter, zwei Felder aneinanderzusetzen, wie als Längsschnitt-Isodosenbild in Abb. 23 gezeigt ist. Bei einem Verhältnis von über 1:3 ist eine Bestrahlung nur bei Verwendung von Ausgleichfiltern vertretbar. Da jedoch ein solcher Dosisausgleich nur durch Verminderung der Dosis im Zentrum des Feldes geschehen kann, ergibt sich mindestens eine Verdoppelung der Bestrahlungszeit.

VI. Isodosen bei Rotationsbestrahlung
mit schräg zur Oberfläche liegender Rotationsachse

Alle bisher betrachteten Isodosenpläne für Rotationsbestrahlung gelten unter der Voraussetzung, daß die Rotationsachse und damit der Krankheitsherd parallel zur Oberfläche liegen. Für die Bestrahlung eines „beliebig schräg gelegenen Krankheitsherdes" wird von manchen Autoren sehr betont die Meinung vertreten, daß durch eine Schräglagerung der Rotationsachse in die Längsrichtung des Krankheitsherdes eine Anpassung der Isodosen an die Lage des Krankheitsherdes erfolge. Bei der Bildung dieser Vorstellung können nur geometrische Gedankengänge maßgeblich gewesen sein. Die strahlenphysikalischen Gesetzmäßigkeiten führen nämlich, wie Abb. 24a zeigt, zu einer ausgesprochen ungünstigen, inhomogenen Dosisverteilung. In dem vorgegebenen Falle erhält die eine Seite des Krankheitsherdes auf diese Weise 100%, die andere dagegen nur etwa 25% der maximalen Dosis. Der offensichtliche Mißerfolg eines solchen Vorgehens ist darin zu suchen, daß die Isodosen *nicht* der geometrischen Ausrichtung der Rotationsachse folgen, sondern sich das Dosismaximum grundsätzlich in dem der Oberfläche am nächsten gelegenen Gebiet ausbildet.

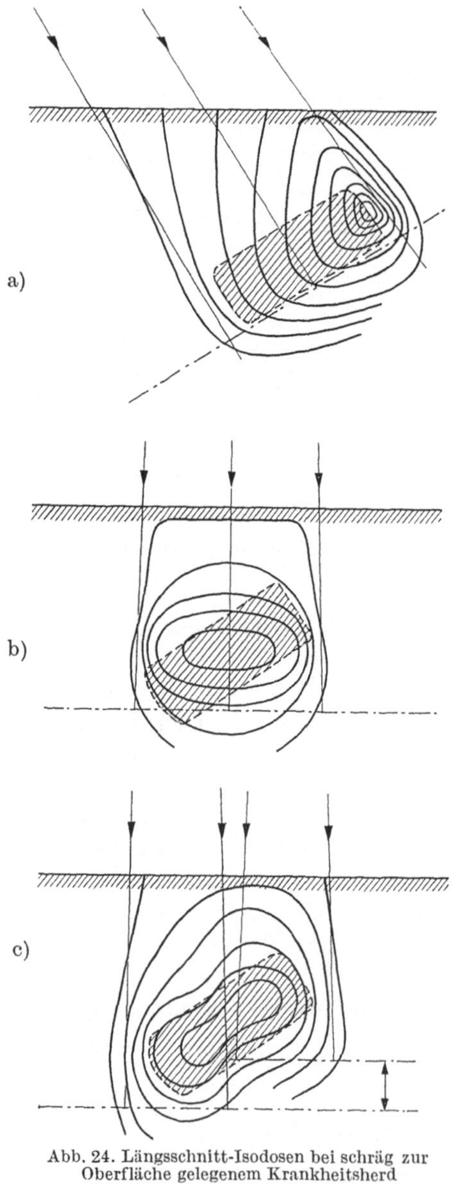

Bei der oben schon diskutierten Drehstuhlmethode mit Durchleuchtungskontrolle ist es ferner üblich, den unteren schräg zur Körperachse liegenden Teil des Oesophagus mit Hilfe eines ferngesteuerten Blendensystems in der Weise zu bestrahlen, daß durch Schrägstellung des ausgeblendeten Bestrahlungsfeldes eine Anpassung an den schrägen Krankheitsherd in jeder Einstrahlrichtung angestrebt wird. Auch für diese Methode bildet der lichtoptische Eindruck des Betrachters die Basis. Die danach erwartete Dosisverteilung ist jedoch nur vorhanden, wenn die Dosis für den gesamten Bewegungsvorgang in jedem Punkt des Krankheitsherdes nahezu konstant ist und dem höchsten Wert der Isodosen entspricht. Diese strahlenphysikalische Vorbedingung ist aber nach den geometrischen Lagebeziehungen und den sehr inhomogenen Gewebeverhältnissen nicht einmal angenähert zu erwarten.

Die einzig sinnvolle und gleichzeitig unkomplizierte Methode, einen schräg zur Oberfläche gelegenen Krankheitsherd zu bestrahlen, besteht darin, den Krankheitsherd diagonal in ein etwas breiteres Feld bei oberflächenparallel ausgerichteter Rotationsachse zu legen. Die in solchem Falle zu erwartende Verteilung der Isodosen zeigt nach Abb. 24b, daß die Mitte des Krankheitsherdes 100% und die Seiten etwa 70% der maximalen Dosis erhalten. Der Inhomogenitätsgrad der Dosisverteilung im Krankheitsherd ist, gegenüber der Schräglagerung der

Abb. 24. Längsschnitt-Isodosen bei schräg zur Oberfläche gelegenem Krankheitsherd

Rotationsachse in Abb. 24a, von 4 auf 1,5 zurückgegangen, also wesentlich günstiger geworden. Diesem Längsschnitt-Isodosenbild läßt sich entnehmen, daß dieses sogar noch der Fall ist, wenn der Krankheitsherd senkrecht zur Oberfläche angeordnet wäre! Bei Anwendung der Pendelkonvergenz kann dieses Verhältnis durch die kastenförmige Ausbildung der Isodosen noch verbessert werden. Auch ein Aneinandersetzen zweier Felder mit parallel verschobener Rotationsachse (Abb. 24c) ist in der Praxis verwendet worden.

Es bleibt jedoch als Tatsache bestehen, daß ein schräg zur Oberfläche gelegener langgestreckter Krankheitsherd niemals so optimal bestrahlt werden kann wie ein oberflächenparallel gelegener Herd. Die Möglichkeit, die Rotationsachse oder den ausgeblendeten Strahlenkegel schräg auf den Krankheitsherd auszurichten, bedeutet keine Lösung des Problems. Ein Ausgleich durch Phantommaterial oder Keilfilter dürfte im Einzelfall eine Besserung der Verhältnisse erlauben, gleichzeitig aber die Methode unübersichtlicher und komplizierter machen.

Ähnlich liegen die Verhältnisse, wenn zwar der Krankheitsherd oberflächenparallel liegt, sich jedoch bei horizontaler Lagerung des Patienten die Rotationsachse schräg dazu orientiert. In solchem Falle muß die bestrahlte Oberfläche durch zweckentsprechende Lagerung des Patienten mit Hilfe von Schaumstoff-Keilen usw., bzw. durch Schrägstellung des Bestrahlungsbrettes parallel zur Rotationsachse gebracht werden. Man wird sich hierbei häufig mit einem Kompromiß zufriedengeben müssen, insbesondere, wenn es sich um Krankheitsherde im Bereich der konisch verlaufenden Körperoberfläche am oberen und unteren Abschnitt des Rumpfes handelt.

Es ist interessant an dieser Stelle zu vermerken, daß eine Diskussion dieser Probleme fast immer die Schlußfolgerung auslöst, eine Stehfeldbestrahlung sei dann wohl zweckmäßiger. Dieses ist die größte Illusion, denn gerade bei der Stehfeldbestrahlung wird fast ausschließlich die Dosis im Zentralstrahl bei der Herddosisbetrachtung in Rechnung gestellt und unter rein geometrischen Vorstellungen auf den Krankheitsherd eingestellt. Der Einfluß der strahlenphysikalischen Gegebenheiten ist aber bei der Stehfeldbestrahlung der gleiche wie bei der Bewegungsbestrahlung. Die Dosisverteilung bei der Stehfeldbestrahlung wird häufig a priori als ideal und als im Herdgebiet homogen angesehen. Daß jedoch die Wechselwirkung der von verschiedenen Seiten auf den Krankheitsherd gerichteten Strahlenkegel zu Überschneidungen und zu einem völlig bizarren Isodosenbild mit mehreren z. T. außerhalb des Krankheitsherdes gelegenen Dosismaxima führt, wird dabei im allgemeinen außer Betracht gelassen. In Verkennung der wirklichen Zusammenhänge wird an die Isodosen bei Bewegungsbestrahlung ein Maßstab angelegt, der dem bei der Stehfeldbestrahlung nicht entspricht.

VII. Isodosen bei Schrägrotationsbestrahlung

Die anatomischen Verhältnisse lassen es häufig günstiger erscheinen, anstelle einer zur Rotationsachse senkrechten Einstrahlung auf den Krankheitsherd eine solche schräg zur Rotationsachse vorzunehmen.

Zum Unterschied zu der oben besprochenen Schräglagerung der Rotationsachse handelt es sich bei der Schrägrotation also um eine Schrägeinstellung auf die oberflächenparallel gebliebene Rotationsachse. Dieser wesentliche Unterschied in der geometrischen Anordnung ist in Abb. 25 gegenübergestellt. Man erkennt daraus als wesentlichen Unterschied gegenüber der normalen Rotationsbestrahlung, daß das Oberflächenfeld nicht mehr in der Rotationsebene, sondern in einer dazu parallel verschobenen Ebene verläuft und der Zentralstrahl nicht eine Scheibe, sondern einen sehr flachen Kegelmantel durchläuft. Die Darstellung der Querschnitts-Isodosen verliert damit ihren Sinn und ist zweckmäßig durch eine Darstellung der Isodosen auf den Kegelmantel zu ersetzen. In einem solchen

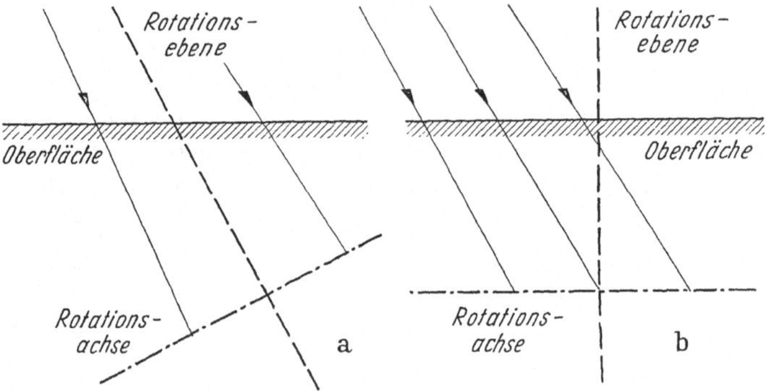

Abb. 25. Rotationsbestrahlung mit schräg zur Oberfläche liegender Achse (a) und Schrägrotationsbestrahlung (b)

Winkel-Querschnitt dargestellt, ergeben sich gegenüber den üblichen Querschnitts-Isodosen keinerlei Abweichungen. Der Unterschied tritt nur in den Längsschnitt-Isodosen in Erscheinung, wie sie in Abb. 26 wiedergegeben sind. Zwei typische Merkmale kennzeichnen dieses Isodosenbild. Einmal folgen die Isodosen der Schrägstellung des Zentralstrahles, so daß der Zweck, eine Einstrahlung in Richtung der Rotationsebene zu vermeiden, erreicht wird. Zum anderen macht sich die

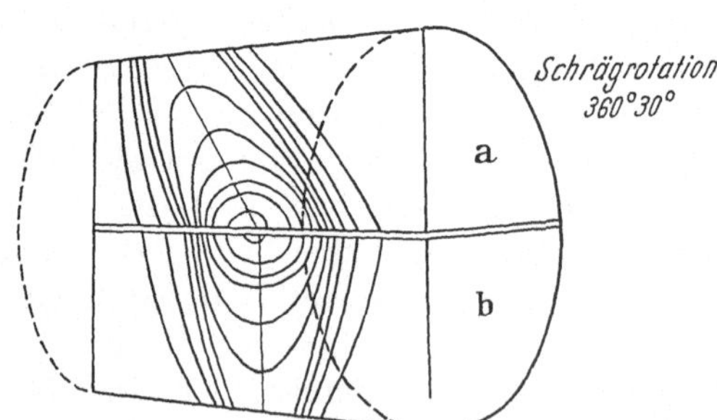

Abb. 26. Schrägrotation 360°/ + 30° (a); Rotation 360° (b)
(Längsschnitt-Isodosen)

Schrägeinstrahlung in diesem Falle lediglich in einer leichten einseitigen Verschiebung des Dosismaximums in Richtung der Rotationsachse bemerkbar. Diese einseitige Verschiebung ist bis zu einem Winkel von etwa 20° vernachlässigbar und erreicht bei 30° etwa 1 cm. Da die Schrägrotation praktisch nur in merklich vom Zylinder abweichenden Bereichen des Körpers, wie z. B. am Schultergürtel oder am Schädel Anwendung findet, ist dieser Effekt meist nur von theoretischer Bedeutung. Über das resultierende Isodosenbild geben die „Typischen Beispiele" Aufschluß.

Einen wichtigen Sonderfall der Schrägrotation stellt die Doppel-Schrägrotation dar. In diesem Falle wird nacheinander von beiden Seiten der Rotationsebene schräg auf den gleichen Krankheitsherd eingestrahlt. Es handelt sich jedoch dabei meist nicht um die Aufgabe, anatomisch ungünstige Gebiete von der Durchstrahlung auszunehmen, sondern vielmehr darum, zur Erhöhung der relativen Tiefendosis ein größeres Oberflächeneinfallsfeld zu schaffen. In Abb. 27

sind die Isodosenbilder für zwei Fälle dargestellt, die sich im Winkel des Zentralstrahles zur Rotationsebene unterscheiden. Es zeigt sich, daß die Dosisverteilung
bei dem größeren Winkel offensichtlich günstiger zu sein scheint, wenngleich in
beiden Fällen die relative Tiefendosis gegenüber der einfachen Rotationsbestrahlung vergrößert ist.

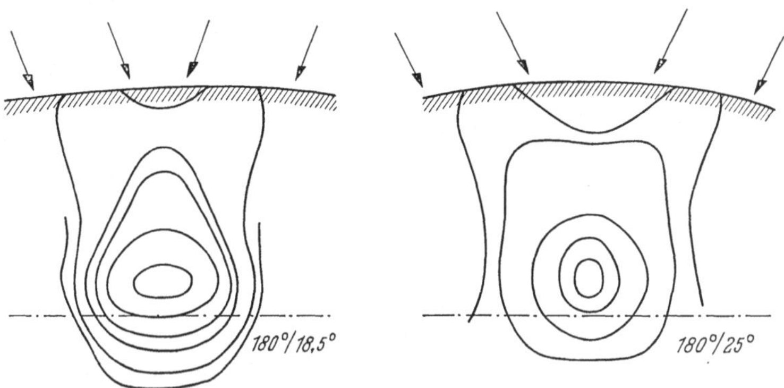

Abb. 27. Doppel-Schrägrotation (nach A. JENSEN)

VIII. Isodosen bei der Pendelkonvergenzbestrahlung

Mehr noch als bei der Rotationsbestrahlung — also der Einstrahlung in einer
Ebene (Rotationsebene) — führen einfache geometrische Überlegungen über die
mutmaßliche Dosisverteilung bei gleichzeitiger Einstrahlung in zwei Ebenen, wie
bei der Pendelkonvergenz, zu irrigen Annahmen. Lassen solche Vorstellungen
veränderliche Schrägeinstrahlungen auf die Rotationsebene als von ungünstigem
Einfluß auf die Dosisverteilung erscheinen, so ist gerade das Gegenteil der Fall.

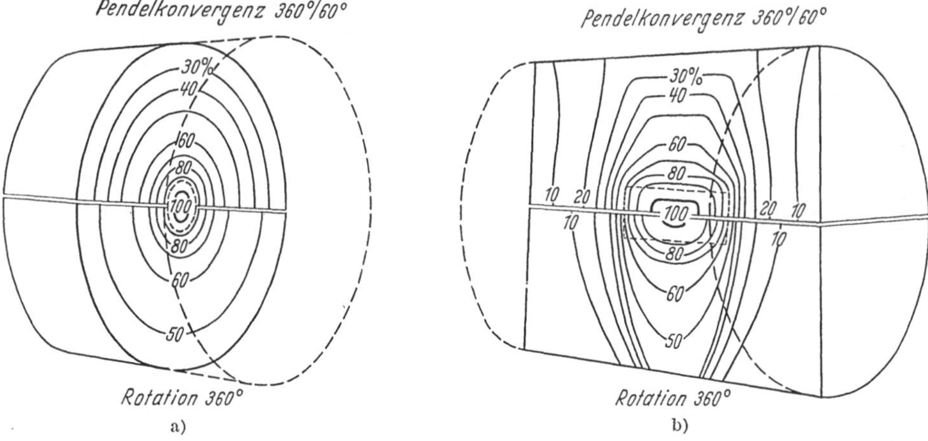

Abb. 28. Isodosen bei Pendelkonvergenz und Rotation: a) Querschnitt-Isodosen; b) Längsschnitt-Isodosen
(nach Meßwerten von H. KUTTIG)

Eine Gegenüberstellung der Isodosenbilder bei Rotation und bei Pendelkonvergenz
läßt dieses am eindrucksvollsten erkennen. In Abb. 28a sind die Querschnitt-
Isodosen in einem Zylinderphantom dargestellt. Sie zeigen, daß die inneren

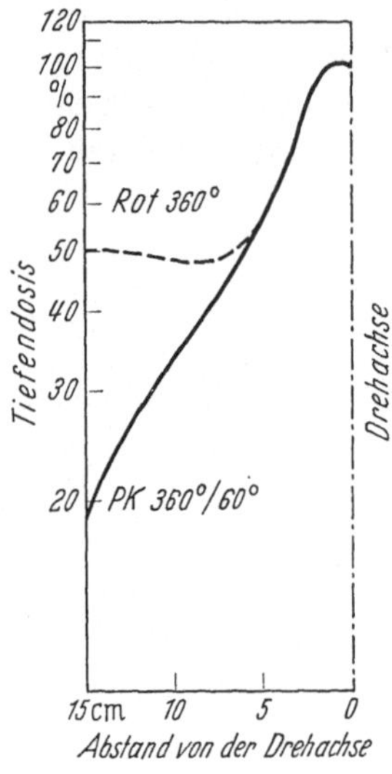

Abb. 29. Tiefendosiskurven von Pendelkonvergenz und Rotation (nach Meßwerten von H. KUTTIG)

Isodosen bei beiden Bestrahlungsmethoden gleich sind. Dieses ist insofern von fundamentaler Bedeutung, als es keinerlei Änderung der Vorstellung über die Dosisverteilung im Bereich des Krankheitsherdes beim Übergang von der Rotationsmethode zur Pendelkonvergenzmethode erforderlich macht. Im vorliegenden Beispiel haben die Isodosen von 100% bis herab zu 70% die gleiche Lage. Erst von der 60%-Isodose ab tritt der Unterschied durch den viel steileren Dosisabfall bei der Pendelkonvergenz bis unter 30% der Herddosis in Erscheinung. Noch anschaulicher werden diese Verhältnisse durch eine Gegenüberstellung der Tiefendosiskurven wiedergegeben. In Abb. 29 läßt sich der praktisch übereinstimmende Verlauf der Tiefendosiskurven in der Nähe der Rotationsachse (Drehachse) sowie der steile Dosisabfall bei der Pendelkonvergenz zur Oberfläche hin erkennen. Die Kopplung eines nur geringen Dosisabfalles im Herdbereich mit einem möglichst steilen Dosisabfall zur Oberfläche hin entspricht den Erfordernissen der Praxis. Ihnen wird durch die Pendelkonvergenzbestrahlung in wesentlich besserem Maße entsprochen, als es die Rotationsbestrahlung erlaubt.

Das Charakteristische der Pendelkonvergenz offenbart sich jedoch erst im Längsschnitt-Isodosenbild (Abb. 28b). Anstelle einer Zusammendrängung der Isodosen an der Oberfläche, wie sie bei der Rotation auftritt, wird bei der Pendelkonvergenz durch den Konvergenzeffekt ein Auseinanderziehen der Isodosen auf ein viel breiteres Oberflächengebiet erreicht. Dieser Effekt setzt sich in seiner Auswirkung auf die Isodosen in der Tiefe bis zum Herdgebiet fort und erzeugt die für die Pendelkonvergenz im Längsschnitt typischen scharf gewinkelten Isodosen. Neben dem bereits anhand des Querschnitt-Isodosenbildes erörterten steilen Dosisabfall zur Oberfläche fällt im Längsschnitt-Isodosenbild die im Herdgebiet therapeutisch günstigere Dosisverteilung ins Auge. Viel gleichmäßiger wird das angedeutete Herdfeld ausgestrahlt. Die 100%-Isodose, wie auch die anderen Isodosen, greifen mehr in die Längsrichtung des Feldes vor, wie überhaupt der oben bei der Rotation schon als nachteilig erörterte Dosisabfall in Richtung der Feldlänge bei der Pendelkonvergenz weniger steil ist. Eine Feldlänge von 5 cm bei der Pendelkonvergenz entspricht daher bereits einer Feldlänge von 6—7 cm bei der

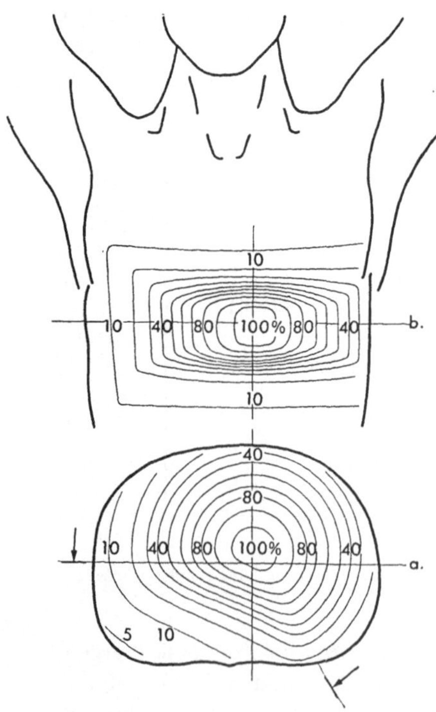

Abb. 30. Standard-Isodosen im Cardia-Bereich

Rotation. Der Forderung nach einer über die vermutete Tumorgrenze hinausgehenden Feldlänge kommt die Pendelkonvergenz also entgegen.

An einem körperähnlichen Phantom sind im Cardiabereich die Standard-Isodosen für Pendelkonvergenz als Querschnitt- und Längsschnitt-Isodosenbild dargestellt (Abb. 30). Es ist für dieses Beispiel eine Feldgröße von 6×6 cm gewählt worden, die einer Feldgröße von etwa 6×8 cm bei Rotation entspricht, also ein für Bewegungsbestrahlung sehr großes Feld darstellt. Trotzdem wird eine relative Tiefendosis von 250% erzielt, die unter gleichen Bedingungen für die Rotationsbestrahlung nur 125% betragen würde. Im Querschnitt-Isodosenbild a) zeigt sich die nahezu homogene Ausstrahlung des Herdgebietes. Anschließend der steile Dosisabfall zur Oberfläche, der sich erwartungsgemäß in herdfernen Gebieten bis auf weniger als 10% der Herddosis vermindert. Als Gesamteindruck zeigen die Isodosen der Pendelkonvergenz viele Wesenszüge der Isodosen von ultraharten Röntgenstrahlen; denn die konzentrischen, eng aneinanderschließenden Isodosen im Querschnitt a) und die fast kastenförmigen Isodosen im Längsschnitt b) lassen kaum eine 200 kV-Röntgenstrahlung vermuten.

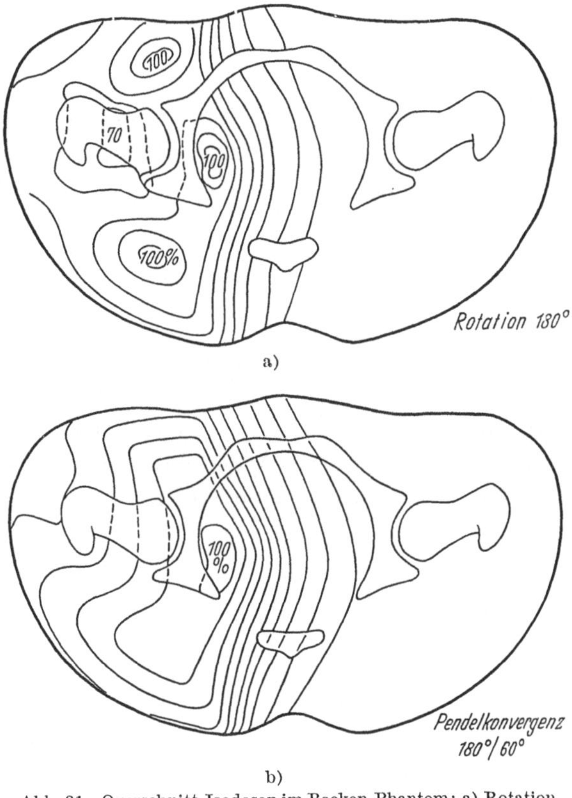

Zu diesen schon sehr bedeutenden Vorteilen der Pendelkonvergenz läßt sich noch ein weiterer sehr wesentlicher Gesichtspunkt für die Verwendung einer Bewegungsbestrahlung in zwei Ebenen anführen.

Durch die Einstrahlung in mehr als einer Ebene verlieren nämlich starke Absorptionsunterschiede im Gewebe insofern an Bedeutung, als ihr Einfluß auf die Dosisverteilung durch Vergrößerung des Einstrahlungsgebietes wesentlich vermindert wird. Der aus einer Richtung durch stärkere Absorption verminderte Strahlenzufluß zum Herdgebiet kann in diesem Falle leichter durch Einstrahlung aus anderen, weniger absorbierenden Gebieten ausgeglichen werden.

Abb. 31. Querschnitt-Isodosen im Becken-Phantom: a) Rotation 180°; b) Pendelkonvergenz 180°/60° (nach H.-J. SPECHTER)

Ein typisches Beispiel hierfür stellt der Beckenbereich dar, dessen ungünstige Verhältnisse schon oben bei der Besprechung der Gestaltung der Querschnitt-Isodosen für die Rotationsbestrahlung erörtert worden sind. Abb. 31a zeigt ein der Abb. 21 entsprechendes Querschnitt-Isodosenbild bei einer Rotationsbestrahlung von 180° über die Seite des Beckens. Charakteristisch wieder die Aufspaltung des Dosismaximums in drei Maxima unter Einfluß des knöchernen Beckenringes. Gegenübergestellt wird in Abb. 31b dieselbe Bestrahlungsbedingung, jedoch unter Verwendung der Pendelkonvergenzbestrahlung. Durch die Wirksamkeit des Konvergenzeffektes — also der Einstrahlung in zwei Ebenen — sind die drei Maxima zu einem langgestreckten Dosismaximum zusammengedrängt worden.

IX. Gestaltung der Isodosen bei transaxialer Pendelkonvergenzbestrahlung

Eine sinnvolle Modifikation der Pendelkonvergenz läßt sich durch Verlagerung des Konvergenzpunktes hinter die Rotationsachse erreichen. Der Unterschied dieser transaxialen Pendelkonvergenz gegenüber der oben beschriebenen axialen Pendelkonvergenz geht aus Abb. 32 hervor. In beiden Fällen sind die Endstellungen der Strahlenkegel eingezeichnet. Die Zentralstrahlen treffen sich im Konvergenzpunkt K, der unter a) in der Rotationsachse, unter b) jedoch in einem Punkt jenseits der Rotationsachse liegt. In diesen beiden Endstellungen überschneiden sich die Strahlenkegel in einem Abstand von der Rotationsachse, der durch die Pfeilhöhe gekennzeichnet ist. Von diesem Schnittpunkt ab, nach außen zur bestrahlten Oberfläche des Körpers hin, tritt die beabsichtigte Verminderung der Dosis

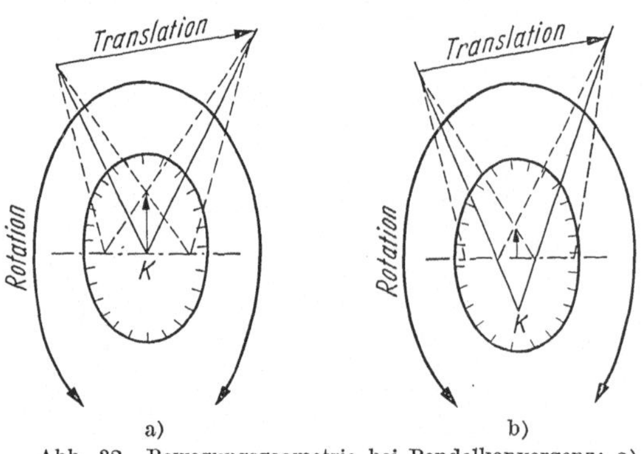

Abb. 32. Bewegungsgeometrie bei Pendelkonvergenz: a) axiale Pendelkonvergenz; b) transaxiale Pendelkonvergenz

gegenüber der einfachen Rotationsbestrahlung ein. Es ist natürlich wünschenswert, diesen Beginn der Wirksamkeit des Konvergenzeffektes möglichst weit von der Oberfläche entfernt in die Tiefe, am zweckmäßigsten an den Rand des Krankheitsherdes bzw. des Dosismaximums zu verlegen. Bei der transaxialen Pendelkonvergenz ist dieser durch die Pfeilhöhe bezeichnete Abstand in der gewünschten Weise verkleinert. Am besten läßt sich dieser Effekt an der Veränderung der Tiefendosiskurve studieren. In Abb. 33 stellt die ausgezogene Kurve die Tiefendosiskurve für Rotation (Rot) dar. Sie stimmt praktisch überein mit der Tiefendosiskurve für die axiale Pendelkonvergenz (PK$_0$), die sich jedoch mit dem Beginn des Konvergenzeffektes von dem oben erörterten Punkt ab von ihr entfernt und an der Oberfläche ein Drittel geringere Oberflächendosis erreicht. Dieser Beginn des Konvergenzeffektes wird bei der transaxialen Pendelkonvergenz (PK$_{10}$ mit dem 10 cm

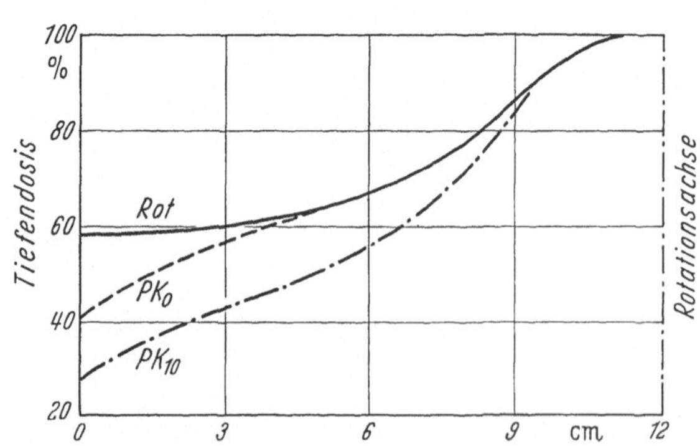

Abb. 33. Tiefendosiskurven für Feldgröße 4,5 × 9 cm. Rotation 300° (Rot). Axiale Pendelkonvergenz 300°/60° (PK$_0$). Transaxiale Pendelkonvergenz 300°/60° (PK$_{10}$)

transaxial verlagerten Konvergenzpunkt) entsprechend näher an die Rotationsachse heran verlegt. Die Tiefendosiskurve verläuft praktisch vom Rand des Dosismaximums mit wesentlich geringerer Dosis im Gesamtbereich des durchstrahlten Gebietes und erreicht eine Verminderung der Oberflächendosis auf weniger als die Hälfte des Wertes der Rotationsbestrahlung.

Außer durch die von der axialen Pendelkonvergenz bekannten zwei gleichzeitigen Bewegungen in Rotations- und Translationsrichtung werden bei der transaxialen Pendelkonvergenz die Isodosen noch durch eine gleichzeitige dritte Bewegung des Feldes längs der Rotationsachse beeinflußt. Aus Abb. 32b ist ersichtlich, daß bei der transaxialen Verlagerung des Konvergenzpunktes das ausgestrahlte Feld in Richtung der Feldlänge auf der Rotationsachse entlangwandert. Der hierbei zurückgelegte Weg ist fast so groß wie die transaxiale Verlagerung des Konvergenzpunktes. Dieses ist ein Vorgang, der durch zusätzliche Bewegung des Bestrahlungstisches zur Ausstrahlung langer Krankheitsherde versucht worden ist.

In Abb. 34a sind die Längsschnitt-Isodosen für ein Feld $4{,}5 \times 9$ cm bei Rotation, axialer und transaxialer Pendelkonvergenz dargestellt. Für den Fall der Rotation zeigt sich die schon oben bei den Längsschnitt-Isodosen besprochene Erscheinung, daß die Isodosen — als Gesamtbild betrachtet — weniger in Richtung der Rotationsachse, als vielmehr senkrecht dazu ausgerichtet sind. Der steile Dosisabfall in Richtung der Feldlänge bedeutet ein meist unterschätztes Problem. Schon günstiger zeigen sich die Verhältnisse bei der axialen Pendelkonvergenz (PK_0). Die merkliche Verbesserung der Dosisverteilung im Bereich des ausgestrahlten Feldes, gekoppelt mit einer bedeutenden Erhöhung der relativen Tiefendosis ist ersichtlich. Bei der transaxialen Pendelkonvergenz (PK_{10}) ist der prägnante Unterschied zwischen der Ausbildung der Isodosen in Feldbreite und Feldlänge schließlich fast verschwunden, während die relative Tiefendosis weiter vergrößert worden ist. Als Nachteil wird auf den ersten Blick die gegenüber der axialen Pendelkonvergenz verloren gegangene homogene Dosisverteilung im inneren Bereich des ausgestrahlten Feldes empfunden. Dieses ergibt sich durch die Wanderung des Feldes längs der Rotationsachse. In Abb. 32b ist zu erkennen, daß bei dieser Wanderung die äußeren Bereiche nur kurzfristig, der mittlere Bereich aber während der gesamten transaxialen Bewegung bestrahlt wird.

Dieser flache Dosisabfall in Richtung der Feldlänge ist aber für das Aneinandersetzen zweier Felder zur Ausstrahlung langer Krankheitsherde ausgesprochen günstig. In Abb. 35 ist die Dosisverteilung in Richtung der Feldlänge für zwei aneinander gesetzte Felder $4{,}5 \times 9$ cm dargestellt. Sie gehen von der optimalen Lage der Feldmitten aus, deren Abstand bei der transaxialen Pendelkonvergenz gleich „Feldlänge $+ \; ^1/_2$ transaxialer Abstand" und bei der Rotation gleich der Feldlänge ist. Eine Abweichung von ± 2 cm von dieser optimalen Lage bedeutet bei der transaxialen Pendelkonvergenz (PK_{10}) eine Dosisänderung von $\pm 20\%$, jedoch bei der Rotation (Rot) eine Dosisänderung von etwa $\pm 50\%$. Bei der Rotation muß daher das Aneinandersetzen der Felder sehr exakt erfolgen, und beide Felder müssen ohne Verlagerung des Patienten in einer Sitzung gegeben werden. Wegen der Gefahr einer Dosisspitze wird daher der Abstand sogar „Feldlänge $+ 1{,}5$ cm" gewählt. Diese Schwierigkeit entfällt bei der transaxialen Pendelkonvergenz völlig. Die beiden Felder können — falls erforderlich — sogar an zwei

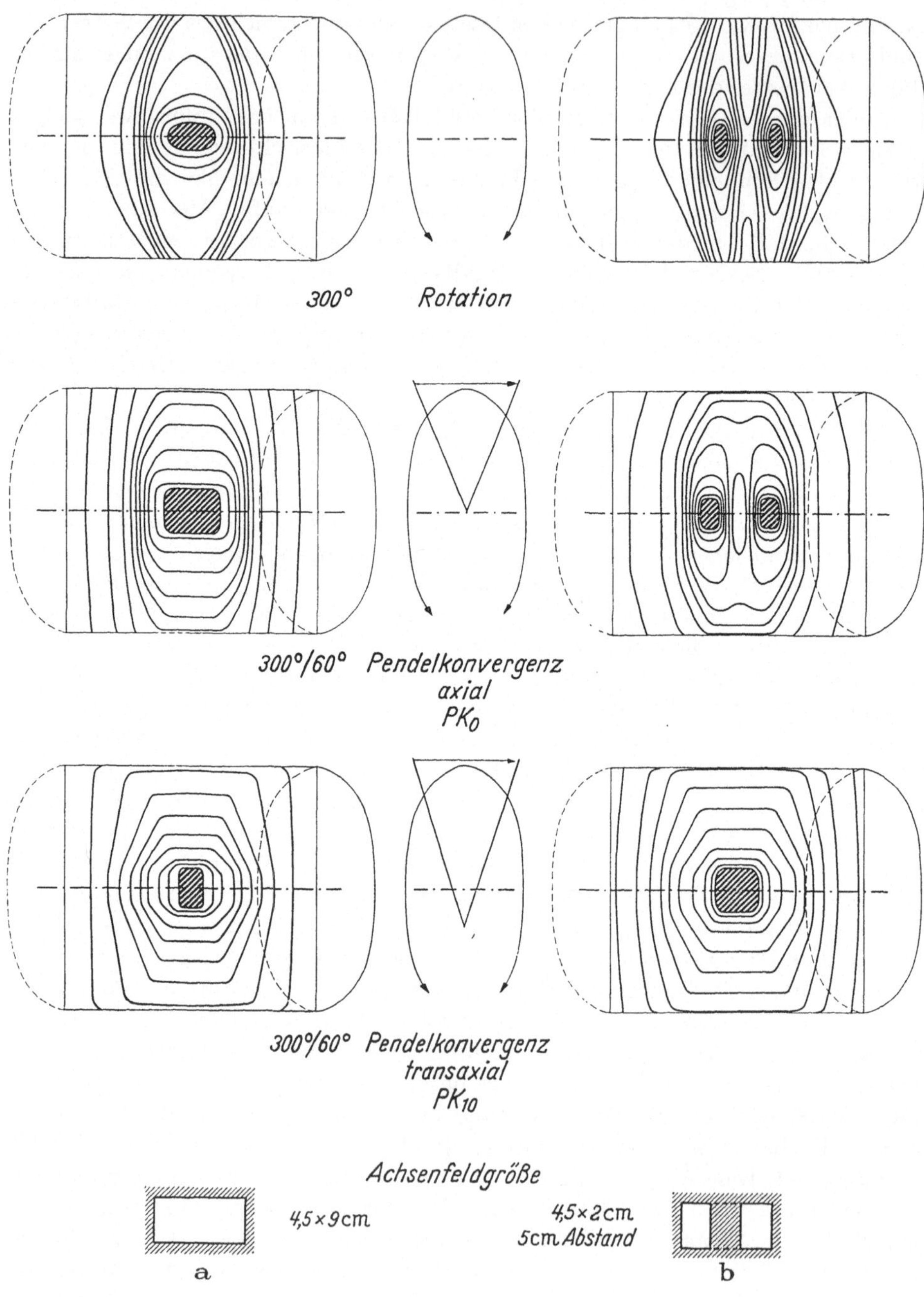

Abb. 34. Längsschnitt-Isodosen im Zylinder-Phantom (24 cm ⌀)

verschiedenen Tagen gegeben werden, denn eine Reproduzierbarkeit von ± 1 cm der Lage ist in jedem Falle möglich. Darüber hinaus ist das resultierende ausgestrahlte Feld bei der transaxialen Pendelkonvergenz 4 cm länger als bei der Rotation. Der scheinbare Nachteil ist also für diesen Zweck ein ganz offensichtlicher Vorteil.

Will man jedoch mit einem Feld eine der Rotation und axialen Pendelkonvergenz im Herdfeldbereich entsprechende Dosisverteilung erreichen, so ist dieses

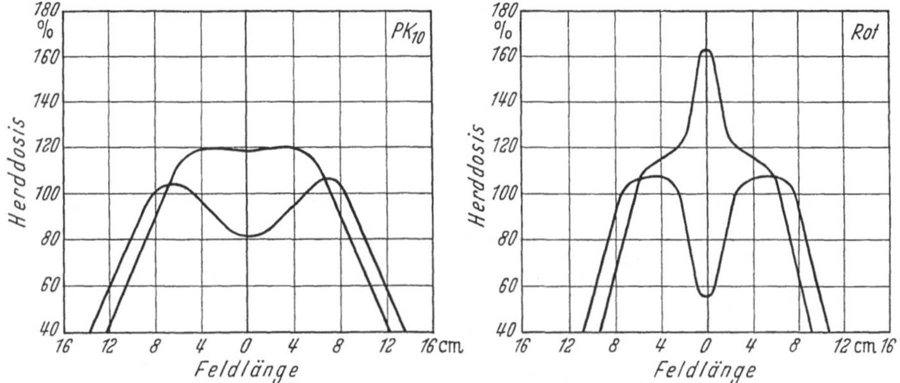

Abb. 35. Dosisverteilung beim Aneinandersetzen zweier Felder 4,5 × 9 cm mit Verschiebung aus der optimalen Lage von ± 2 cm für transaxiale Pendelkonvergenz (PK$_{10}$) und Rotation (Rot)

nach Abb. 32b durch Verkleinerung der Feldlänge möglich. Es würde dann der dauernd bestrahlte mittlere Bereich verschwinden. Dieser Vorteil des kleineren Feldes läßt sich mit dem Vorteil desjenigen zweier aneinandergesetzter Felder in der in Abb. 36 dargestellten Weise verbinden. Anstelle der üblichen Feldausblendung wird hier mit einem ausgeblendeten Doppelfeld gearbeitet. Ist bei dieser Art der Feldausblendung der Abstand der Einzelfelder gleich dem halben Abstand des Konvergenzpunktes vom Dosismaximum bzw. von der Rotationsachse, so wandert das eine Feld von der Außenseite zur Mitte und das andere Feld von der Mitte zur gegenüberliegenden Außenseite. In Abb. 34b ist die Wirkung einer solchen Feldausblendung auf die Dosisverteilung dargestellt und veranschaulicht in eindrucksvoller Weise die Wirkungsweise der translatorischen Konvergenzbewegung. Die Längsschnitt-Isodosen für Rotation zeigen erwartungsgemäß zwei Maxima mit einem dazwischenliegenden Minimum. Die Isodosen der axialen Pendelkonvergenz zeigen die Wirkung der translatorischen Bewegung, durch welche die Maxima und Minima im

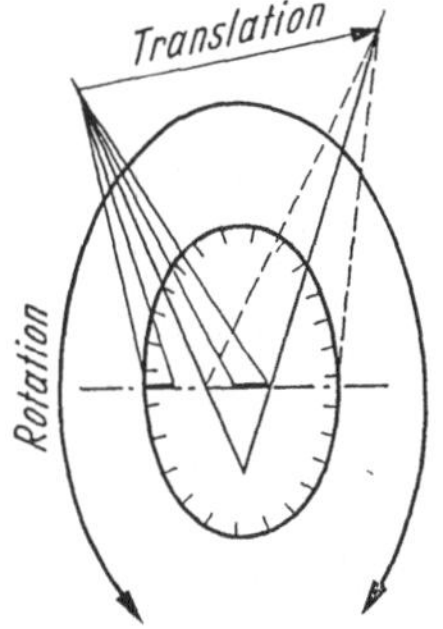

Abb. 36. Bewegungsgeometrie bei transaxialer Pendelkonvergenz mit Doppelfeld-Feldausblendung

peripheren Bereich (außerhalb der Pfeilhöhe in Abb. 32) übereinandergeschoben und zu oberflächenparallel verlaufenden Isodosen ausgeglichen worden sind. Im achsennahen Bereich, der noch nicht vom Konvergenzeffekt erfaßt ist, sind nach wie vor zwei Maxima mit einem dazwischenliegenden Minimum vorhanden. Nur sind die Isodosen durch die beiderseitige Schrägeinstrahlung typisch kastenförmig geworden. Bei der transaxialen Pendelkonvergenz ist der Konvergenzeffekt bis zum Achsenbereich wirksam, und die beiden Maxima sind zu einem großen Dosismaximum aneinandergeschoben. Die Dosisverteilung ist dabei mit dieser in zwei Felder aufgeteilten Feldausblendung wesentlich günstiger geworden als die mit dem gleich großen ungeteilten Feld (Abb. 34a). Da für das Aneinanderfügen der beiden Maxima praktisch nur der Abstand zwischen den Feldern maßgebend ist, können die Felder auch von unterschiedlicher Größe und Form sein. Bei der transaxialen Pendelkonvergenz lassen sich somit die Isodosen den durch die Lage des Krankheitsherdes gegebenen räumlichen Bedingungen anpassen. Durch die Wanderung des Feldes längs der Rotationsachse sowie durch den gesteigerten Konvergenzeffekt sind weder der Feldlänge noch der Feldbreite die bei der Rotation bestehenden Grenzen gesetzt.

X. Isodosen bei Tangentialrotation

Bei dieser Art der Bewegungsbestrahlung ist es nicht das Ziel, durch den Bewegungsvorgang eine günstige Konzentrierung der Dosis auf einen tiefgelegenen Krankheitsherd zu erreichen, sondern eine gleichmäßige Dosisverteilung auf einen größeren Bereich eines Zylindermantels. In Abb. 37 ist ein solcher Bewegungsvorgang schematisch für den Fall einer tangentialen Ausstrahlung des Thoraxumfanges dargestellt. Erreicht wird dieses durch Auslenkung des Strahlenkegels von der Rotationsachse auf eine periphere Bahn. Im vorliegenden Beispiel soll erreicht werden, daß bei einer gleichmäßigen Ausstrahlung der Thoraxwand das tiefer gelegene Lungengewebe von direkter Strahlung nicht getroffen wird. Die Art der Dosisverteilung soll am Beispiel der tangentialen Mamma-Bestrahlung näher erläutert werden. In Abb. 38 sind die an einem Phantom ermittelten Isodosen für eine

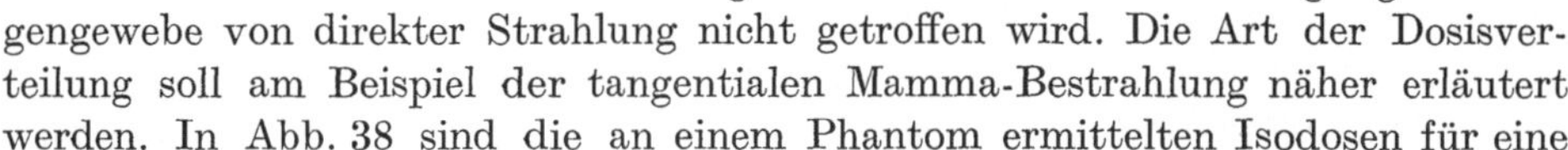

Abb. 37. Prinzip der Tangentialrotation

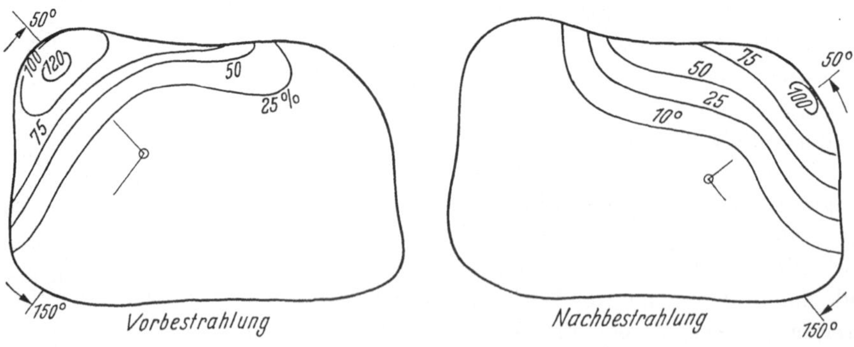

Abb. 38. Querschnitt-Isodosen bei Tangentialrotation (nach ROSSMANN)

Vorbestrahlung sowie für eine Nachbestrahlung dargestellt und zeigen die gewünschte Anpassung an die Thoraxkrümmung. Durch Veränderung des ausgestrahlten Winkelbereiches läßt sich die Dosisverteilung noch zweckmäßiger gestalten (Abb. 39), wie insbesondere der Vergleich mit dem Isodosenbild für zwei tangentiale Stehfelder in Abb. 40 erkennen läßt.

In ähnlicher Weise ist versucht worden, auch im Körperinneren großflächige, schalenförmig gekrümmte Isodosen an der Pleurawand, Schädelbasis usw. zu erzielen.

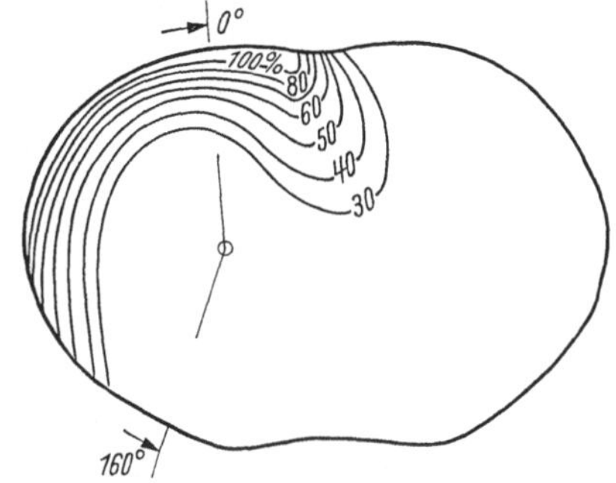

Abb. 39. Querschnitt-Isodosen bei Tangentialrotation (nach ARNAL, GAUWERKY, HEINZEL und MOHR)

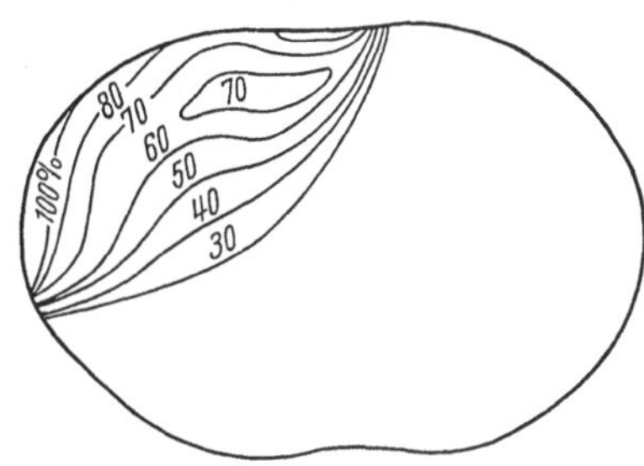

Abb. 40. Querschnitt-Isodosen bei tangentialen Stehfeldern (nach ARNAL, GAUWERKY, HEINZEL und MOHR)

Die Schwierigkeit der Methode liegt darin, daß am Körper die Voraussetzung der idealen Form eines Zylinders praktisch nicht erfüllt ist. Die in den Querschnitt-Isodosen so erfolgversprechende Anpassung kann bei den Längsschnitt-Isodosen infolgedessen nicht immer im gewünschten Maße erreicht werden.

XI. Isodosen bei Bewegungsbestrahlung mit ultraharter Strahlung

Wie bereits unter A. I., erwähnt, wird eine weitere Verbesserung der Dosisverteilung bei Bewegungsbestrahlung durch Verwendung sehr harter Strahlung angestrebt.

1. Isodosen bei 2 MV-Bestrahlung (van de Graaf-Generator)

Die technischen Gegebenheiten einer solchen Einrichtung erlauben lediglich eine Bewegung des Patienten, d. h. die Anwendung der Kegelkonvergenz mit schräger Einstrahlung auf den liegend mit einem Drehtisch bewegten Patienten oder die Rotation mit horizontaler Einstrahlung auf den sitzend mit dem Drehstuhl bewegten Patienten.

In Abb. 41 a) sind die Isodosen für Kegelkonvergenz für eine Feld von 8 cm Durchmesser und einem Konvergenzwinkel von 50° dargestellt. Durch Vergrößerung des Feldes und des Konvergenzwinkels sowie Einstrahlung von den gegenüberliegenden Seiten läßt sich der einigermaßen homogen ausgestrahlte Raum (Abb. 41 b) etwas günstiger gestalten.

Für die Rotationsbestrahlung mit dem Drehstuhl zeigt Abb. 42 die starke Konzentration der Querschnitt-Isodosen a) und der Schwärzung der Filmkontrollmessung b). Der übersteile Dosisabfall am Feldrand bei ultraharter

Strahlung macht danach eine sehr genaue Lokalisation und Einstellung bzw. Verwendung von großen Sicherheitsfeldern wie bei der Stehfeldbestrahlung erforderlich.

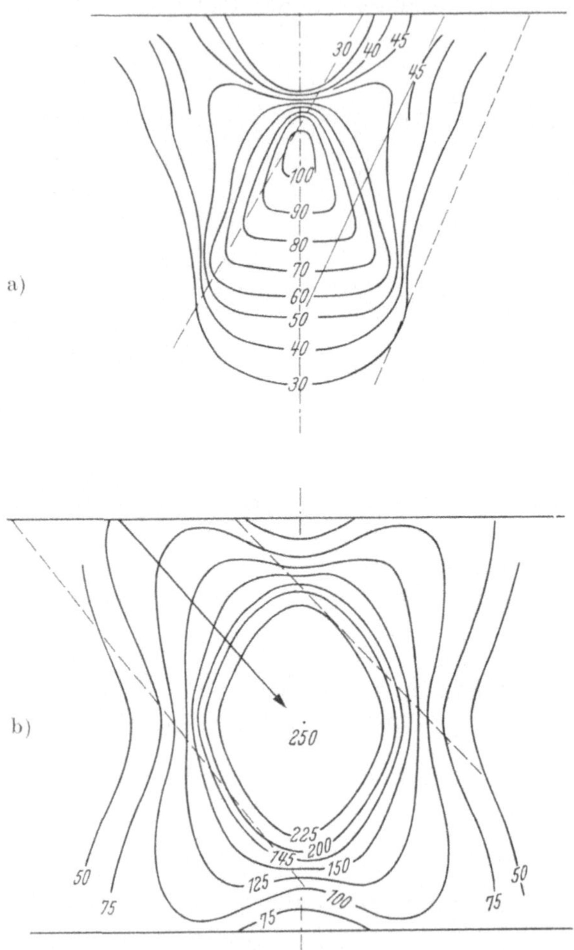

Abb. 41. Isodosen bei Kegelkonvergenz bei 2 MV: a) Kegelkonvergenz 50°; Feld 8 cm ⌀, b) Kegelkonvergenz 80°; Feld 10 cm ⌀ (nach Jennings, McCrea)

2. Isodosen bei Co^{60}-Bestrahlung

Da Co^{60}-Strahlung etwa einer Röntgenstrahlung von 3 MV entspricht, sind die gleichen Isodosenbilder wie unter 1. beschrieben zu erwarten. Nur besitzt Co^{60} den außerordentlichen Vorteil, daß die Strahlenquelle um den ruhenden Patienten bewegt werden kann.

a) Querschnitt-Isodosen im homogenen Phantom

Abb. 43 zeigt als Gegenüberstellung jeweils den halben Ausschnitt der Querschnitt-Isodosen bei Rotation 360° und 270°. Abgesehen von der stärkeren Konzentration der Isodosen ist ihre Gestaltung denen mit Strahlungen von 200—250 kV sehr ähnlich. Die Auswanderung des Dosismaximums ist gleichermaßen vorhanden, wie besonders die in Abb. 44 gezeigte Gegenüberstellung der Querschnitt-Isodosen bei Rotation 180° und 120° erkennen läßt. Die stärkere Tiefenwirkung der Strahlung macht sich jedoch in der bei Rot 120° sehr auffälligen Ausweitung der Isodosen hinter dem Dosismaximum bemerkbar. Bei Rot 270° (Abb. 43) führt dieser Effekt zum Verschwinden der bei 200 bis 250 kV so charakteristischen Einbuchtung der Isodosen im Bereich des vom Strahlenkegel nicht erfaßten „toten Winkels". Ferner ist bei Rot 180° bereits die Tendenz zu kreisförmigen Isodosen im Herdbereich zu erkennen, ebenfalls ein typisches Kennzeichen ultraharter Strahlung.

b) Querschnitt-Isodosen im Becken

Die Forderung nach härterer Strahlung hat ihren Ursprung zum wesentlichen Teil in dem Bestreben, die Absorption in Knochen dem wasseräquivalenten Gewebe anzugleichen. So wird auch als wichtigstes Indikationsgebiet für ultraharte Strahlung das Becken mit seinem starken Knochenmassiv angesprochen. Wie bereits bei den Querschnitt-Isodosen für Rotations- und Pendelkonvergenzbestrahlung mit 200 bis 250 kV (Abb. 31) gezeigt worden ist, liegt das Problem der Parametrienbestrahlung in der Dosisentlastung der außerhalb liegenden Gebiete, insbesondere des Schenkelhalses, der Blase und des Rectums.

In Abb. 45 sind die Querschnitt-Isodosen für Co^{60}-Rotation mit einem Rotationswinkel von 150° über die Seite dargestellt. Die wasseräquivalente Absorption des Trochanters und Beckengürtels erlaubt ohne weiteres diesen Einstrahlungswinkel, doch zeigen sich nur

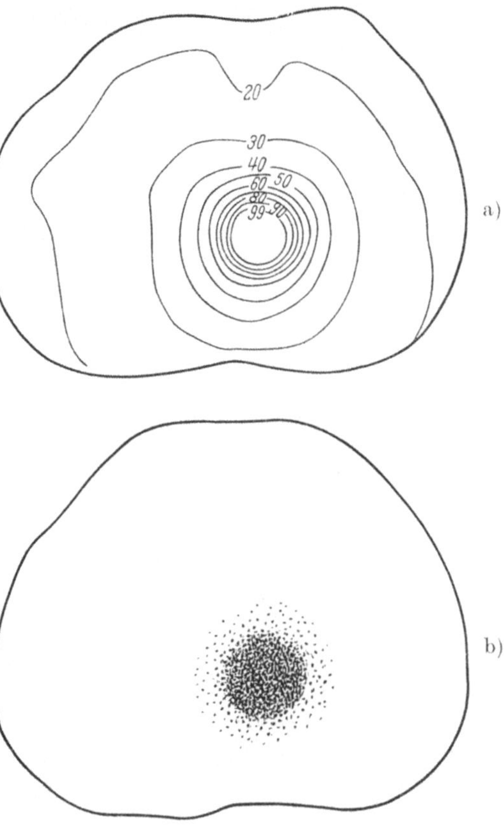

Abb. 42. Querschnitt-Isodosen bei Rotation 360° mit 2 MV a); Filmkontrollmessung b) (nach Dresner)

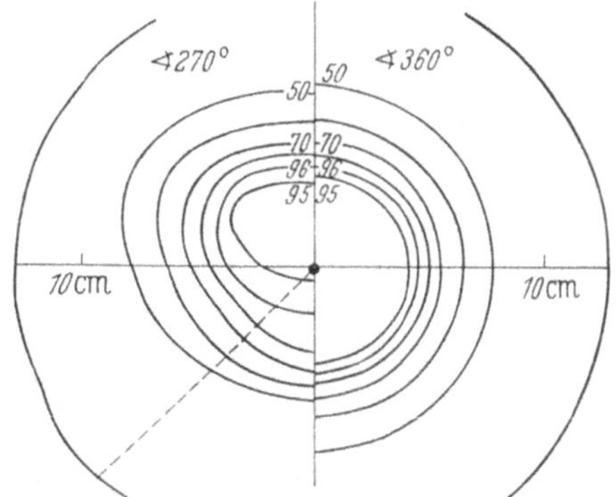

Abb. 43. Querschnitt-Isodosen bei Rotation mit Cobalt^{60} (nach Pfalzner, Inch)

Blase und Rectum, nicht aber der Schenkelhals von niedriger Dosis erfaßt. Dieses wird durch Einstrahlung von vorn und hinten über zwei Rotationswinkel von

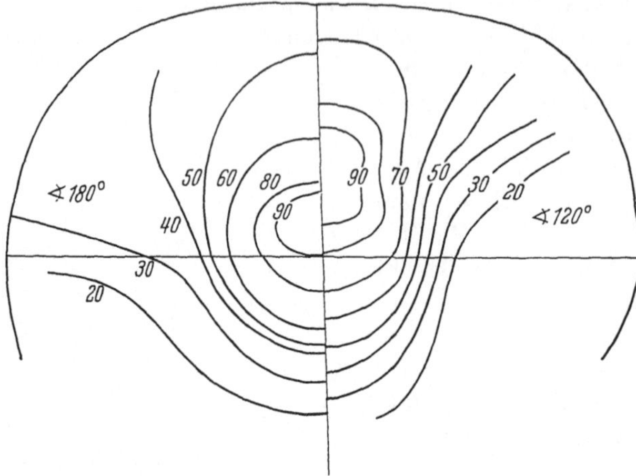

Abb. 44. Querschnitt-Isodosen bei Rotation mit Cobalt⁶⁰ (nach H. KUTTIG)

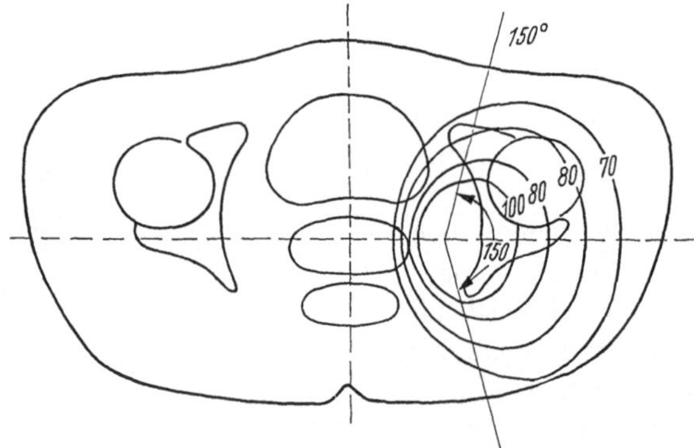

Abb. 45. Querschnitt-Isodosen im Becken bei Rotation mit Cobalt⁶⁰ (nach DRESNER)

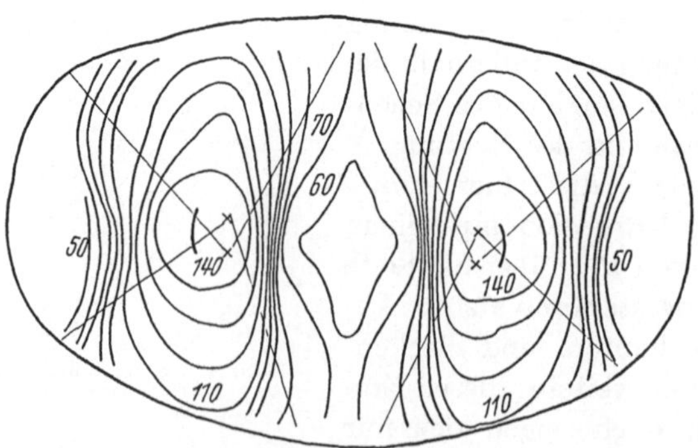

Abb. 46. Querschnitt-Isodosen im Becken bei Cobalt⁶⁰ mit Rotation 2 × 70° auf jeder Seite
(nach GOLDSCHNEIDER, STERN)

70° zu erreichen versucht. Abb. 46 zeigt die Kombination-Isodosen für die Bestrahlung beider Parametrien mit vier Winkeln von 70° und vier verschiedenen Lagen des Drehpunktes. Die günstige Wirkung dieser gegenüber Abb. 45 veränderten Bestrahlungsbedingungen ist deutlich zu erkennen, doch erschwert ganz offensichtlich die bereits unter 1. beim homogenen Phantom erwähnte Tendenz zur Ausbildung kreisförmiger Isodosen im Herdbereich die angestrebte Entlastung des Schenkelhalses. Die oft vertretene Anschauung, bei Co^{60} wieder auf die Stehfeldbestrahlung überzugehen, kann dieses Problem lösen, wie in Abb. 47 gezeigt ist. Doch werden dann die Oberflächen-

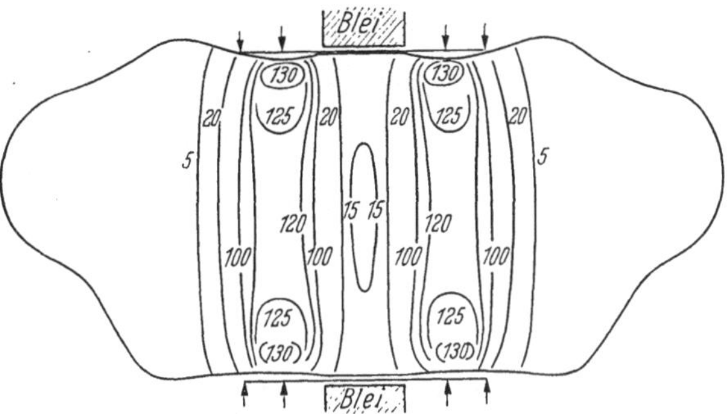

Abb. 47. Querschnitt-Isodosen im Becken mit 2 gegenüberliegenden Stehfeldern bei Cobalt[60] (nach JOHNS)

dosis und Herddosis wieder von gleicher Höhe, während sich gleichzeitig Maxima außerhalb des Herdbereiches ausbilden.

Eine entscheidende Verbesserung der Dosisverteilung gegenüber der Pendelkonvergenz bei 200 kV (Abb. 31) ist weder bei der Rotation noch beim Stehfeld mit Co^{60} zu erkennen.

C. Bestrahlungsbedingungen bei Stehfeld- und Bewegungsbestrahlung

I. Wechselseitige Beeinflussung der Bestrahlungsgrößen

Die zweckmäßige Wahl der Bestrahlungsbedingungen ist von jeher ein nachhaltig diskutiertes Thema gewesen, und zwar deshalb, weil es auf das Zusammenspiel einer großen Zahl von Bestrahlungsgrößen ankommt, deren Bewertung im Einzelfall nur zu einem Kompromiß führen kann.

1. Abhängigkeit der Tiefendosis von Feldgröße, Fokus-Haut-Abstand (FHA) und Strahlenqualität (HWS)

Es ist die Eigenart der Bewegungsbestrahlung, mit kleinen, gezielten Feldern zu arbeiten. Die Auswirkung dieses Überganges von der Stehfeldbestrahlung mit größeren Feldern läßt sich nach Abb. 48 beurteilen. Eine starke

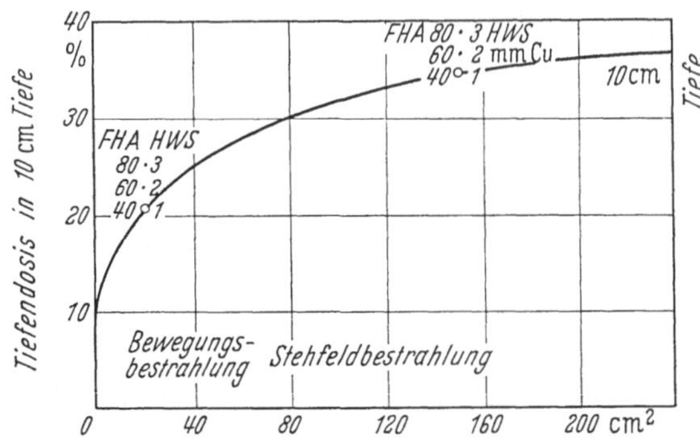

Abb. 48. Abhängigkeit der Tiefendosis von Feldgröße, Fokus-Haut-Abstand und Halbwertschicht (nach "Central axis depth dose data")

Verminderung der Tiefendosis bei kleinen Feldern ist nach Abb. 49 auf die Verringerung der Streustrahlung zurückzuführen. Ihr bei großen Feldern sehr bedeutender Anteil an der Gesamtdosis ist bei einer Feldgröße von etwa 20 cm² auf eine Gleichheit von Primär- und Streustrahlung zurückgegangen. Unter 20 cm² Feldgröße überwiegt sogar der Anteil der Primärstrahlung.

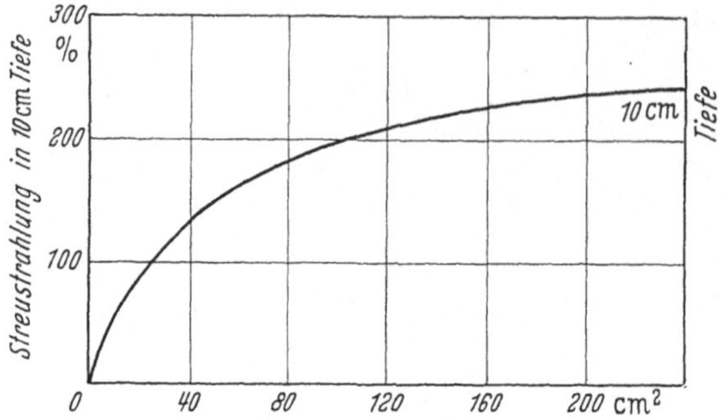

Für die Feldgrößen von 20 cm² und 150 cm² sind die Einflüsse der Vergrößerung des FHA und des HWS angedeutet, und zwar ergeben sich etwa die gleichen Werte, wenn man entweder bei gleichbleibender HWS von 1 mm Cu den FHA auf 80 cm vergrößert oder aber bei gleichbleibendem FHA von 40 cm die HWS auf 3 mm Cu erhöht. Bemerkenswert ist dabei noch,

Abb. 49. Abhängigkeit der Streustrahlung von der Feldgröße (nach "Central axis depth dose data")

daß der Einfluß solcher Änderungen bei den kleinen Feldern der Bewegungsbestrahlung in der gleichen Größe liegt, wie er sich auch durch die Variation der Feldgröße zwangsläufig ergeben würde. So hat die Vergrößerung des FHA auf 80 cm einerseits oder die Erhöhung der HWS auf 3 mm Cu andererseits eine nicht größere Wirkung auf die Tiefendosis als eine Vergrößerung des Feldes von 20 cm² auf 35 cm²!

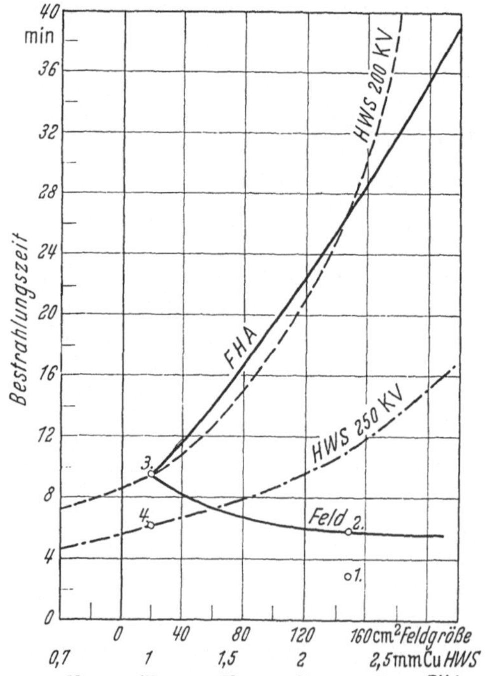

2. Einfluß von Fokus-Haut-Abstand und Strahlenqualität auf die Bestrahlungszeiten

Die mit der Bestrahlungszeit zusammenhängenden Probleme spielen bei der Bewegungsbestrahlung eine wesentlich größere Rolle als bei der Stehfeldbestrahlung. Es stehen sich hier als Diskrepanz die Tatsachen gegenüber, daß zur Innehaltung der exakten Einstellung und Lagerung des Patienten die Bestrahlungszeit möglichst kurz sein müßte, jedoch die Methode eine wesentliche Verlängerung der Be-

Abb. 50. Abhängigkeit der Bestrahlungszeit von Feldgröße, Fokus-Haut-Abstand und Halbwertschicht bei 200 kV und 250 kV

strahlungszeit erforderlich macht. Eine nähere Erläuterung gibt das Diagramm Abb. 50. Hier ist für ein Stehfeld von 150 cm² eine Bestrahlungszeit von etwa

3 min angenommen, die notwendig wird, wenn bei einer Oberflächendosisleistung von 100 r/min in 10 cm Tiefe eine Dosis von 100 r erreicht werden soll. Diese mit Punkt 1 im Diagramm dargestellte Bedingung wandelt sich für die bei Bewegungsbestrahlung übliche Herddosis bei 200 r in die Bedingung Punkt 2 mit einer Bestrahlungszeit von etwa 6 min. Dieser Wert 2 der Bestrahlungszeiten erhöht sich nochmals um etwa die Hälfte durch den Übergang auf das bei Bewegungsbestrahlung verwendete kleinere Feld. Mit dieser Bedingung in Punkt 3 des Diagramms zeigt sich die ursprüngliche Bestrahlungszeit (Punkt 1) etwa verdreifacht.

Zur Verbesserung der Bestrahlungsbedingungen wird oft eine stärkere Filterung und auch ein größerer Fokus-Haut-Abstand von 50 cm, ja von 70 cm für bedeutungsvoll gehalten. Die damit erzielte geringe Beeinflussung der Tiefendosis (Abb. 48) wird jedoch mit einer weiteren, sehr bedeutenden Verlängerung der Bestrahlungszeit erkauft. Die Frage, ob es in diesem Fall besser ist, den Fokus-Haut-Abstand oder die Filterung zu erhöhen, läßt sich ganz eindeutig zugunsten der stärkeren Filterung entscheiden. In diesem Falle ist nämlich einmal nach Abb. 50 für den gleichen Effekt auf die Tiefendosis die Bestrahlungszeit kürzer und zum anderen wird durch Erhöhung der HWS gleichzeitig die Knochenabsorption vermindert.

Der Fokus-Haut-Abstand sollte danach relativ klein gehalten werden, ergibt sich aber bei der Bewegungsbestrahlung ziemlich zwangsläufig aus drei Gesichtspunkten heraus. 1. Aus konstruktiven und strahlengeometrischen Gründen ist der Fokus-Blenden-Abstand kaum kleiner als 20 cm zu machen. 2. Um eine Berührung des Patienten mit den am weitesten vorragenden Teilen des Blendensystems zu verhindern, muß der Radius des freien Bereiches um den Patienten etwa 30 cm betragen. 3. Der sich aus 1. und 2. ergebende Fokus-Drehachsen-Abstand von 50 cm bietet eine sinnvolle und bequeme Basis für die Dosierung, denn auf diesen Abstand bezieht sich die Angabe des Röntgenwertes nach HOLTHUSEN. Aus diesem Wert von 50 cm ergibt sich für einen mittleren Abstand des Krankheitsherdes von der Oberfläche von 10 cm ein Fokus-Haut-Abstand von 40 cm. Eine Verkleinerung dieses Wertes ist nach obigem nicht möglich, eine Vergrößerung unzweckmäßig. Eine Veränderlichkeit des Fokus-Drehachsen-Abstandes vorzusehen, wäre also wenig sinnvoll.

Da selbst die Bedingung des Punktes 3 im Diagramm der Abb. 50 bei größeren Herdtiefen und kleinen Feldern zu Bestrahlungszeiten führt, die bei hoher Patientenfrequenz nicht mehr tragbar sind, hat man häufig den Weg einer Verminderung der Filterung beschritten. Es sind hierfür drei Gesichtspunkte anzuführen, die solches Vorgehen vertretbar erscheinen lassen. 1. Durch den Bewegungsvorgang wird die relative Tiefendosis so stark erhöht, daß man auf etwa 10% wieder verzichten kann. 2. Periphere Bereiche werden mit etwa der Hälfte der bei Stehfeldbestrahlung üblichen Dosis bestrahlt. Hier befindliche Knochen, wie z. B. die Rippen, werden so weit entlastet, daß eine geringe Erhöhung der Knochenabsorption ohne Bedeutung ist. 3. Durch die starke Verminderung des Streustrahlenanteils bei der Verwendung kleiner Felder wird die in der Tiefe wirksame Strahlenqualität erhöht, so daß die für Stehfeldbestrahlung mit großen

Feldern in der Tiefe für ausreichend erachtete effektive Strahlenqualität mindestens erhalten bleibt. (Siehe dazu Abb. 53.)

Solche — zwar durchaus vertretbare — Notlösung wird gegenstandslos, wenn die Röhrenspannung von 200 kV auf 250 kV erhöht wird. Es geht dann in Abb. 50 die Bedingung 3 in 4 über, d. h. die Bestrahlungszeit geht von 9,5 min auf etwa 6 min zurück. Sehr bedeutsam ist dabei der wesentlich flachere Anstieg der HWS-250 kV-Kurve. Gegenüber 200 kV läßt sich die Halbwertschicht bei gleicher Bestrahlungszeit verdoppeln.

3. Einfluß der Strahlenqualität auf die Knochenabsorption

Die uns heute zur Verfügung stehenden Strahlenquellen überstreichen ein sehr weites Gebiet unterschiedlicher Strahlenqualität, so daß die Eigenschaften der Absorption und Streuung in Wasser und menschlichem Gewebe gut studiert werden können. Als besonders interessantes Ergebnis neuerer Messungen ist die Tatsache zu werten, daß offensichtlich die Knochenabsorption im Bereich der konventionellen Therapie mit 200—250 kV bisher zu hoch angenommen worden ist. Ferner erfolgt gerade in diesem Bereich mit zunehmender HWS eine starke Verminderung der Knochenabsorption. Liegt nach Abb. 51 die Knochenabsorption bei einer HWS von 1 mm Cu noch etwa 1,85 über der Absorption in Wasser, so sind es bei einer HWS von 3 mm Cu nur noch etwa 1,25. Mit weiter zunehmender HWS ist bei 5—6 mm Cu (etwa 500 kV Röhrenspannung) Gleichheit von Knochen und Wasser erreicht. Darüber, bei Caesium- und Cobalt-Strahlern, ist die Absorption im Wasser sogar bis zu 1,15 höher als im Knochen. Bei ultraharter Strahlung kehrt sich der Effekt wieder um. Es werden bei 15 MeV die Absorptionsverhältnisse einer HWS von etwa 3 mm Cu und bei 31 MeV sogar die von 2 mm Cu wieder erreicht. Bei diesen Betrachtungen über den Einfluß der HWS ist noch der Einfluß der weicheren Streustrahlung zu beachten. Wie Abb. 52 zu entnehmen ist, vermindert sich die Streustrahlung auch merklich mit zunehmender HWS. Von ihrem Maximum aus bei etwa 1 mm Cu geht sie bis 3 mm Cu für ein großes Feld auf $^2/_3$ und für

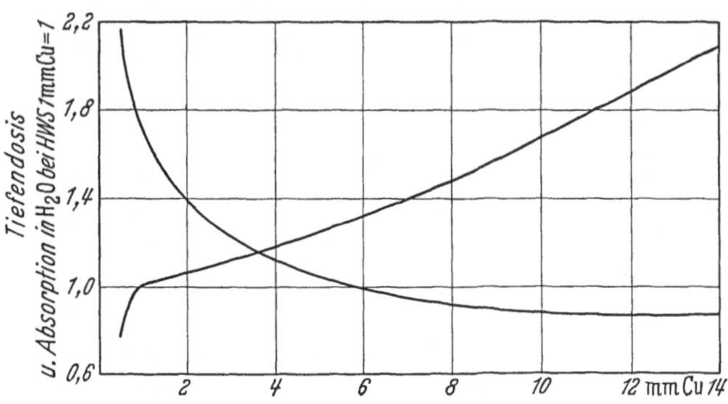

Abb. 51. Abhängigkeit der Tiefendosis und der Knochenabsorption von der Strahlenqualität (nach "Central axis depth dose data"; JOHNS)

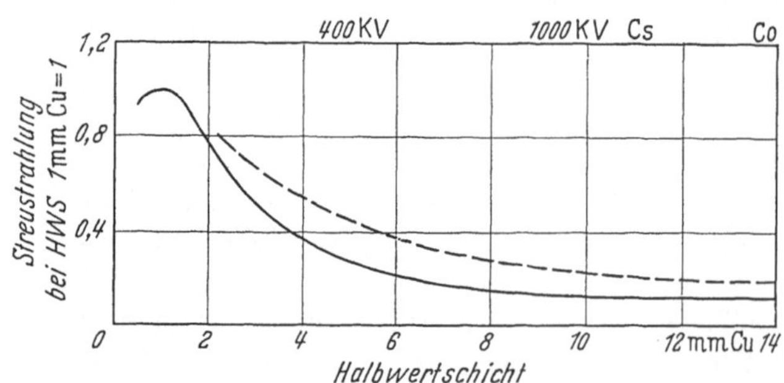

Abb. 52. Abhängigkeit der Streustrahlung von der Strahlenqualität bei verschiedenen Feldgrößen (nach "Central axis depth dose data")

ein kleines sogar auf die Hälfte zurück. Der unter dieser Bedingung wirksame Einfluß auf die effektive HWS ist in Abb. 53 dargestellt. Mit zunehmender Tiefe und zunehmender Feldgröße zeigt sich die ursprüngliche HWS von 3 mm Cu stark vermindert, und zwar in 15 cm Tiefe und 200 cm² Feldgröße bis auf die Hälfte (effektive HWS 1,5 mm Cu). Relativ gering ist dagegen diese Verminderung der HWS im Bereich kleiner Felder (10 cm²—30 cm²), insbesondere in der Nähe der Oberfläche.

An Klarheit und Anschaulichkeit gewinnen diese Betrachtungen, wenn man von einem konkreten Beispiel der konventionellen Strahlentherapie ausgeht. Mit einer Röhrenspannung von 250 kV und einer Filterung von 2 mm Cu oder besser 0,4 Sn + 0,25 Cu + 1 Al (Thoraeus) läßt sich bei einem Röntgenwert von etwa 50 r/min eine Halbwertschicht von etwa 3 mm Cu erreichen, die sich bei den in der Bewegungsbestrahlung üblichen kleinen Feldgrößen auf etwa 2,5 cm Cu effektiv vermindert. Der Massenabsorptionskoeffizient für Knochen liegt für diesen Fall um etwa 1,3 höher als im wasseräquivalenten Gewebe. Es heißt dieses, daß eine Knochenschicht von 1 cm einer Wasserschicht von 1,3 cm äquivalent ist. Bei einer Herdtiefe von 10 cm würde der Einschluß von 1 cm Knochenschicht (etwa

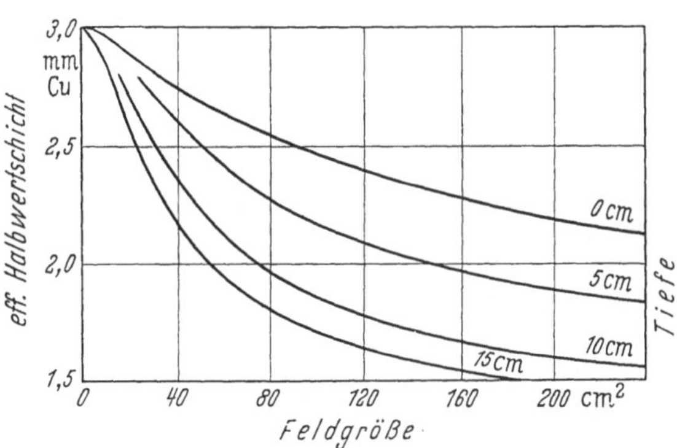

Abb. 53. Abhängigkeit der effektiven Halbwertschicht von der Feldgröße in verschiedenen Tiefen (nach CLARKSON und MAYNEORD)

gleiche Dichte wie Wasser vorausgesetzt) eine wasseräquivalente Tiefe von 10,3 cm bewirken, die je nach Anschauung entweder leicht zu berücksichtigen oder aber zu vernachlässigen ist. Bei optimaler Anwendung braucht die Knochenabsorption bei der Bewegungsbestrahlung mit 250 kV kaum noch Anlaß zu einem Wunsch nach härterer Strahlenqualität zu sein.

4. Einfluß der Strahlenqualität auf die Tiefendosis

Oberhalb einer Halbwertschicht von 1 mm Cu ist nach Abb. 51 der Anstieg der Tiefendosis in dem bisher bis 3 mm Cu betrachteten Bereich der konventionellen Röntgentherapie nur gering. Interessant wird es erst wieder bei Cs¹³⁷ und Co⁶⁰, mit einer Erhöhung von 70—100% gegenüber einer HWS von 1 mm Cu. Bei 15—30 MV erfolgt dann nochmals eine Verdoppelung der Tiefendosis.

Mit diesem Anstieg der Tiefendosis ist jedoch eine wesentliche Umgestaltung der Tiefendosiskurve verbunden. In Abb. 54 sind die Tiefendosiskurven von 200 kV—30 MV so dargestellt, daß man von der in 10 cm Tiefe für alle Kurven gleichen Dosis — der Herddosis — aus die Dosisverhältnisse zwischen Herd und Oberfläche sowie in der Tiefe hinter dem Herd beurteilen kann. So ist der Kurve für 200 kV zu entnehmen, daß die Oberfläche bzw. die Eintrittsseite der Strahlung etwa das dreifache der Herddosis erhält, während in 20 cm Tiefe bzw. auf der Austrittsseite eines zu 20 cm Dicke angenommenen Körpers nur etwa 30% bzw. 20% der Herddosis gemessen werden. Außer dem stärkeren Eindringungsvermögen der Primärstrahlung mit Erhöhung der Strahlenqualität ist die strahlenphysikalische Ursache der Veränderung der Tiefendosiskurve in der Verminderung der Rückstreuung zur Oberfläche sowie in der Vergrößerung der Vorwärtsstreuung und in der Reichweite der ausgelösten Elektronen zu suchen.

Der starken Verminderung der Dosis an der Oberfläche, die von 200 kV bis 30 MV auf $^1/_{10}$ zurückgeht, steht eine starke Dosiserhöhung durch das lavinenartige Anwachsen der Ionisation unmittelbar unter der Oberfläche gegenüber. Der erstrebte und an der Oberfläche so wirksame Effekt der Dosisverminderung ist dadurch in 3 cm Tiefe schon 5fach kleiner geworden. Jenseits des Krankheitsherdes kehrt sich der Effekt sogar um und macht einer beträchtlichen Dosiserhöhung Platz. In 20 cm Tiefe bzw. an der Austrittsseite der Strahlung eines 20 cm dicken Körpers wächst die Dosis von 200 kV bis 30 MV um etwa das 3fache an. Die Dosisentlastung des Gewebes vor dem Krankheitsherd wird also mit einer stärkeren Belastung des Gewebes hinter dem Herd erkauft. Die Dosis auf der Austrittsseite erreicht dabei einen Wert, der zwischen 10 und 15 MV gleich der Oberflächendosis auf der Eintrittsseite der Strahlung ist, während bei 30 MV die Austrittsdosis sogar über doppelt so hoch wie die Eintrittsdosis wird.

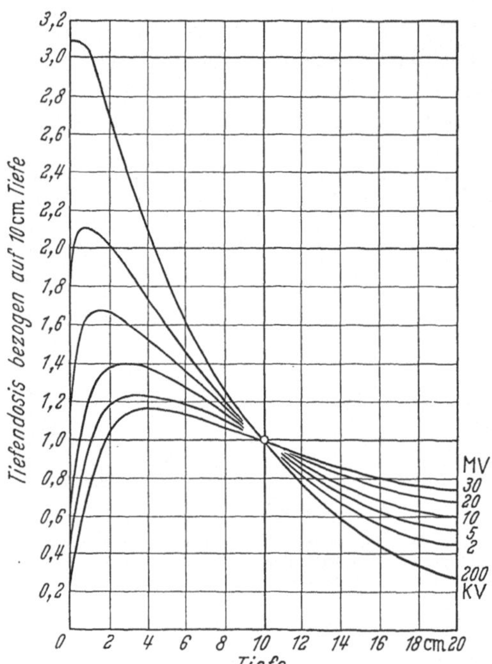

Abb. 54. Tiefendosiskurven, bezogen auf gleiche Dosis in 10 cm Tiefe. 1 Stehfeld (100 cm²) von links (nach Daten von WACHSMANN; CHARLTON und BREED)

II. Umgestaltung der Tiefendosiskurve durch Einstrahlung aus verschiedenen Richtungen

Es hat wohl kaum ein Zweifel darüber bestanden, daß ein tiefliegender Krankheitsherd bei konventioneller Strahlentherapie nur durch Einstrahlung von verschiedenen Seiten angegangen werden kann. Diese Vorstellung hat zudem zwangsläufig zu der allseitigen Einstrahlung durch die Bewegungsbestrahlung geführt. Bei energiereicherer Strahlung mit annähernder Gleichheit von Eintritts- und Austrittsdosis auf der Oberfläche und einem im Körperinnern ausgebildeten Dosismaximum wird eine mehrseitige Einstrahlung bzw. eine Bewegungsbestrahlung oft für überflüssig erachtet. Um solche Vorstellungen gegeneinander abzugrenzen, ist es zweckmäßig, die Auswirkung mehrseitiger Einstrahlung auf die Dosisverteilung bei unterschiedlicher Strahlenqualität gegenüberzustellen.

1. Umgestaltung der Tiefendosiskurve bei der „Kreuzfeuerbestrahlung"

In Abb. 55 wird über zwei einander entgegengesetzte Stehfelder mit verschiedener Strahlenqualität in einen 20 cm dicken Körper eingestrahlt. Ein

Vergleich mit der oben erläuterten Abb. 54 zeigt, daß die Unterschiede zwischen 200 kV und 30 MV bei zwei Stehfeldern nur noch $^1/_3$ von demjenigen *eines* Stehfeldes betragen. Die Ursache hierfür ist darin zu suchen, daß 200 kV wegen der geringen Austrittsdosis in diesem Fall einen bedeutend günstigeren Effekt zeitigt als die Bereiche von 5—30 MV mit hoher Austrittsdosis auf der gegenüberliegenden und somit bereits vorbelasteten Oberfläche. Trotzdem liegt bei 200 kV die Herddosis in 10 cm Tiefe noch um $^1/_3$ unter der Oberflächendosis, während im Bereich zwischen 10 MV und 30 MV von einer „Homogendurchstrahlung" des Körpers gesprochen werden kann, mit einer starken Dosisverminderung in der oberflächennahen Schicht. Der Unterschied zwischen 10 MV und 30 MV ist dabei nicht mehr bemerkenswert.

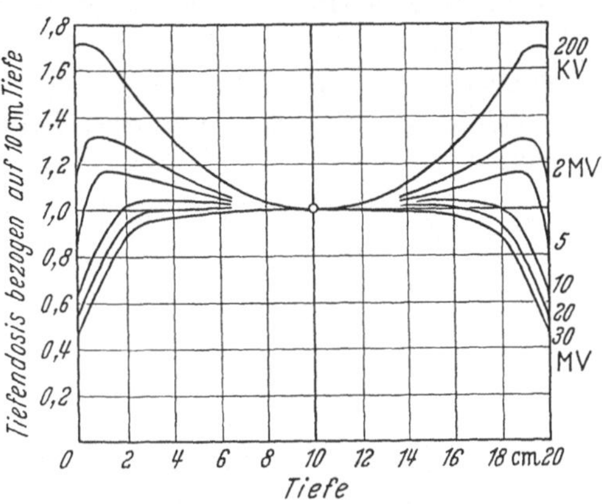
Abb. 55. Tiefendosiskurven, bezogen auf gleiche Dosis in 10 cm Tiefe. 2 Stehfelder (100 cm²) von links und rechts (nach Abb. 54)

Soll ein begrenzter Krankheitsherd bestrahlt werden, so ist sicher keine der Tiefendosiskurven als besonders günstig zu bezeichnen. Durch Einstrahlung über zwei im rechten Winkel zueinander stehende Doppelfelder, also insgesamt 4 Stehfelder, lassen sich die in Abb. 56 gezeigten Tiefendosen erzielen. Ein scharfes Dosismaximum ist im zentralen Bereich entstanden, das zwischen 200 kV und 30 MV keinen bedeutenden Unterschied aufweist. Die Oberflächendosis liegt jetzt in allen Fällen unter der Herddosis, beträgt für 10 MV—30 MV natürlich, wie in Abb. 55, nur $^1/_3$ derjenigen von 200 kV. Die hier mit eingetragene Tiefendosiskurve für Co^{60} nimmt eine Mittellage zwischen den Extremen ein. Die Milderung der Unterschiede in den Tiefendosiskurven zwischen 200 kV und 30 MV bei Anwendung der Kreuzfeuerbestrahlung ist bemerkenswert.

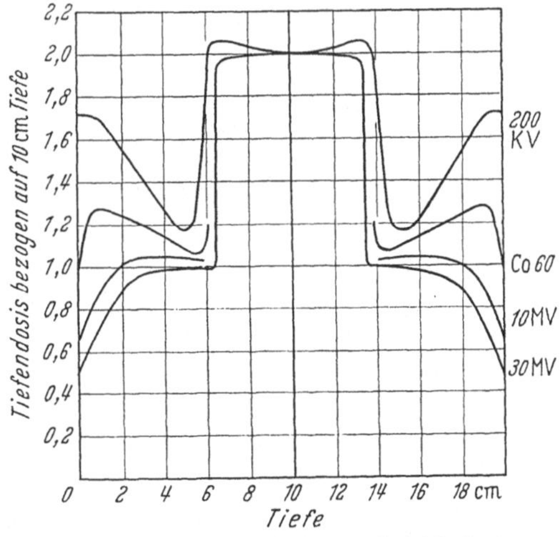
Abb. 56. Tiefendosiskurven, bezogen auf gleiche Dosis in 10 cm Tiefe. 4 Stehfelder (7 × 14 cm; 100 cm²) von links und rechts sowie von vorn und hinten (nach Abb. 54)

2. Umgestaltung der Tiefendosiskurven bei der Bewegungsbestrahlung

Der oben geschilderte günstige Gang in der Gestaltung der Tiefendosiskurven von 1—4 Stehfeldern läßt die Bewegungsbestrahlung als erforderliche Konsequenz erscheinen. In Abb. 57 sind für die Rotation von 360° und eine Feldbreite von 4 cm die beiden Extreme 200 kV und 15 MV dargestellt. Die Tiefendosiskurve von 15 MV unterscheidet sich nicht nur durch die wesentlich geringere Oberflächendosis, sondern besonders durch den steilen Dosisabfall am Feldrand, der einem Stehfeld gleichkommt. Ein nicht erkannter Herdausläufer erhält in 2 cm vom Feldrand bei 200 kV noch 70%, während es bei 15 MV nur noch 30% sind. Für 5000 r Herddosis wären es bei 200 kV noch 3500 r, bei 15 MV jedoch nur noch 1500 r. Um die gleiche Dosis zu erhalten, müßte man bei 15 MV die Feldbreite nahezu verdoppeln, also wie bei der Stehfeldmethode mit „Sicherheitsfeldern" arbeiten. Damit erhöht sich aber nicht nur die Raumdosis, sondern verdoppelt sich auch die Oberflächendosis. Diese wird weiter erhöht durch die Tatsache, daß im Gegensatz zu dem hier bei der Phantommessung gewählten Winkel von 360° als zweite Bedingung nur ein Winkel von 160° in Frage kommt, da sich sonst auf kleinen Bereichen der Oberfläche Eintritts- und Austrittsdosis überlagern. Dieses ist zudem der Winkel, der für Bestrahlungen am liegenden Patienten ausschließlich möglich ist. Der optimale FHA von 1 m läßt sich aus Gründen ausreichender Dosisleistung nur mit dem Linearbeschleuniger erreichen. Beim Betatron kann man wegen der prinzipiell geringen Dosisausbeute 0,5 m kaum überschreiten, wenn nicht untragbare Bestrahlungszeiten entstehen sollen. So ergibt sich dann für die praktische Anwendung der 15 MV etwa die in Abb. 57 punktiert gezeichnete, etwas unsymmetrische Kurve mit breiterem Maximum. Etwa in der Mitte zwischen dieser Kurve und derjenigen für 200 kV liegen dann die Cs^{137} und Co^{60} entsprechenden Tiefendosiskurven.

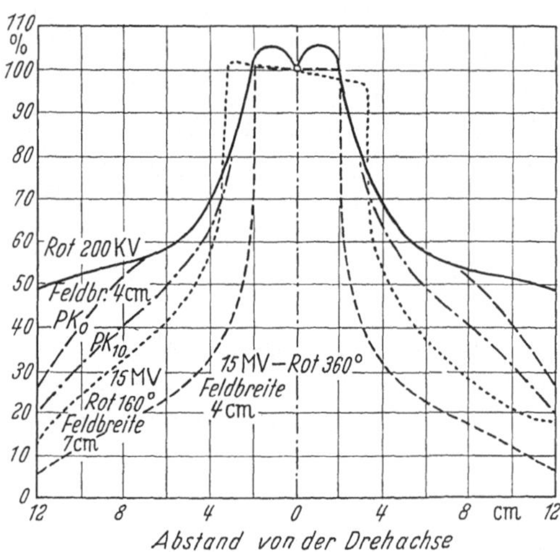

Abb. 57. Tiefendosiskurven bei Bewegungsbestrahlung (15 MV-Werte nach WACHSMANN)

Bei den kleinen, leichten Strahlenquellen mit 200 kV und 250 kV lassen sich noch die für die Pendelkonvergenz notwendigen schnellen Bewegungen mit Richtungswechsel durchführen. Durch die optimale Ausnutzung des Bewegungseffektes in der Pendelkonvergenz mit axial (PK_0) und transaxial (PK_{10}) gelegenem Konvergenzpunkt läßt sich nach Abb. 57 die Dosis im peripheren Bereich noch bedeutend verringern.

III. Einfluß des Verlaufs der Tiefendosiskurve auf die Wirkung der Raumdosis und die Verträglichkeit der Bestrahlung

Eine bei der Bewegungsbestrahlung viel erörterte Frage ist die Durchstrahlung eines größeren Volumens, als es bei der Stehfeldbestrahlung üblich ist.

Es ist von der Stehfeldbestrahlung her geläufig, daß die Verträglichkeit der Behandlung mit zunehmender Feldgröße abnimmt, also mit Vergrößerung des durchstrahlten Volumens und damit der Raumdosis. Wenngleich bei der Bewegungsbestrahlung die verwendete Feldgröße allgemein kleiner ist, so wird doch durch die übliche Verdoppelung der täglichen Dosis und auch der Gesamtdosis die gleiche Raumdosis erreicht. Die fraglos bessere Verträglichkeit der Rotations- bzw. Pendelbestrahlung kann ihre Ursache daher nur in der veränderten, offensichtlich günstigeren Dosisverteilung haben. Dieses wird noch dadurch unterstrichen, daß der Effekt bei der Pendelkonvergenzbestrahlung trotz weiterer Vergrößerung des durchstrahlten Volumens und geringer Erhöhung der Raumdosis — noch deutlicher in Erscheinung tritt. Nach der in Abb. 58 dargestellten Verteilung der Tagesdosis bei den verschiedenen Bestrahlungsmethoden scheint ganz offensichtlich die Dosisentlastung in der oberflächennahen Schicht für dieses Verhalten maßgeblich zu sein, und zwar so wirksam, daß die im herdnahen Bereich

erfolgte Verdoppelung der Tagesdosis den Effekt nicht entscheidend zu beeinflussen vermag.

Eine starke Dosisentlastung im oberflächennahen Bereich ist uns schon unter C., II., 1. in Abb. 54 entgegengetreten. Hier war unter Beibehaltung der Stehfeldmethode die Erhöhung der Strahlenqualität für diesen Vorgang maßgeblich. Die bessere Verträglichkeit der Stehfeldbestrahlung mit energiereicher Strahlung ist bekannt, doch wird dieses allgemein nicht auf die günstigere Dosisverteilung,

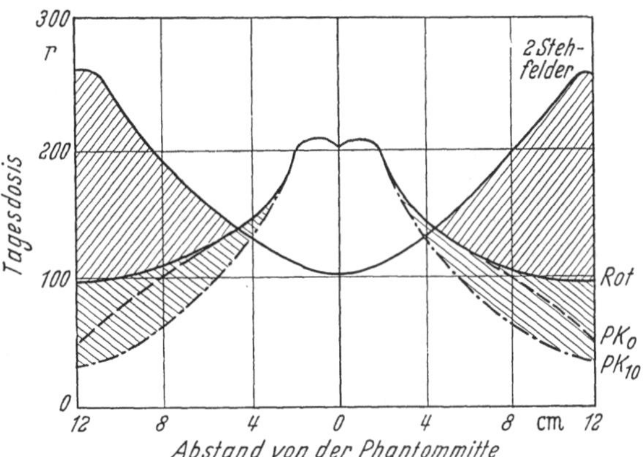

Abb. 58. Verminderung der Tagesdosis im peripheren Bereich bei Bewegungsbestrahlung (200 kV)

sondern auf die geringere Raumdosis zurückgeführt. Da in diesem Falle die Verbesserung der Dosisverteilung mit der Verringerung der Raumdosis fest gekoppelt und experimentell nicht zu trennen ist, kommt der obigen Erfahrung mit der Bewegungsbestrahlung insofern besondere Bedeutung zu, als hierbei die Raumdosis konstant bleibt und sich nur die Dosisverteilung ändert. Man muß aus dieser Gegenüberstellung den allein möglichen Schluß ziehen, daß die Verträglichkeit einer Bestrahlungsmethode ganz vorwiegend eine Frage der Dosisverteilung ist und die Raumdosis und Strahlenqualität nur eine sekundäre Rolle spielen. Die als Strahlenkrankheit bekannten Nebenerscheinungen scheinen also auszubleiben, so bald die tägliche Dosis in der oberflächennahen Schicht unter eine bestimmte Größe sinkt. Diese Vorstellung führt zwangsläufig dahin, das Strahlenerythem der Haut als Analogon in den Kreis der Betrachtungen einzubeziehen. Von ihm ist bekannt, daß eine bestimmte Dosis, je nach ihrer zeitlichen und örtlichen Verteilung, zu einem starken Hauterythem führen oder aber ohne Wirkung bleiben kann. Mit anderen Worten: das Hauterythem, wie die Strahlenkrankheit als unerwünschte Nebenerscheinung aufgefaßt, tritt während der Strahlenbehandlung nicht auf, sobald die tägliche Dosis an der Oberfläche unter eine bestimmte Größe sinkt.

Die Vermutung liegt demnach nahe, daß Hauterythem wie Strahlenkrankheit auf den gleichen biologischen Voraussetzungen beruhen und die Symptomfreiheit erreicht ist, sobald die im oberflächennahen Bereich der einzelnen Zelle bzw. dem

Zellverband zugeführte Dosis in einer bestimmten Zeit einen bestimmten Wert nicht überschreitet. Es ist dabei in erster Näherung gleichgültig, ob dieses durch Verteilung der einzustrahlenden Dosis auf eine entsprechend große Oberfläche bzw. Volumen unter Verwendung des Bewegungseffektes geschieht oder aber mit Änderung der Absorptions- und Streuverhältnisse im Körper durch Erhöhung der Strahlenenergie ermöglicht wird. Es ist dann schließlich noch Ansichtssache, ob und wie weit die Dosis auf der Haut und im gesunden Gewebe unter die Verträglichkeitsgrenze heruntergedrückt werden soll. Man könnte annehmen, beliebig weit. Aber nicht selten wird u. a. die Vorstellung geäußert, daß ein leichtes Erythem der Haut zur Kontrolle der eingestrahlten Dosis gerade erwünscht sei. Die Siebbestrahlung geht in dieser Hinsicht sogar besondere Wege.

Es ist in diesem Zusammenhang interessant zu vermerken, daß der Vorrang der Dosisverteilung vor der Strahlenqualität bereits von der Behandlung oberflächlicher Krankheitsherde durch Ablösung der Radiumbestrahlung durch die Nahbestrahlung und auch durch die Weichstrahltherapie unter 50 kV geläufig ist. Neuerdings werden für die Behandlung ausgedehnter oberflächlicher und oberflächennaher Krankheitsherde auch die mit hohen Energien in Betatron und Linear-

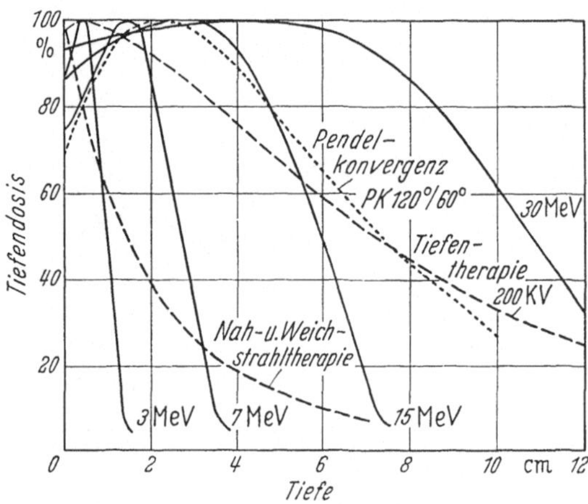

Abb. 59. Tiefendosiskurven bei Bestrahlung oberflächlicher und oberflächennaher Krankheitsherde mit: 1. Schnellen Elektronen (nach WACHSMANN; CHARLTON und BREED), 2. Pendelkonvergenzbestrahlung (nach H. KUTTIG), 3. Nah- und Weichstrahltherapie

beschleuniger erzeugten schnellen Elektronen herangezogen. Bei ihnen liegt die Kopplung einer günstigen Dosisverteilung mit einer hohen Ionisations-dichte im Gewebe vor. Wechselweise werden dem einen oder dem anderen bzw. beiden die Behandlungserfolge zugeschoben. Zum Vergleich werden lediglich die Behandlungsergebnisse der Nahbestrahlung herangezogen. Wegen der meist ausgedehnten oberflächlichen Krankheitsherde, muß man bei der Nahbestrahlung mit kleinen Feldern zur sicher ungünstigen „Stückelungsmethode" greifen. Die großen Felder mit schnellen Elektronen sind daher an sich schon im Vorteil. Durch die Weichstrahlbestrahlung mit großen Feldern und der gleichen Tiefendosiskurve wie bei der Nachbestrahlung (Abb. 59) werden die Behandlungsergebnisse sich denen der schnellen Elektronen sicher annähern. Wie die in Abb. 59 mit eingetragene Tiefendosiskurve für Tiefentherapie zeigt, läßt sich zwischen Weichstrahl- und Tiefentherapie keine den schnellen Elektronen gleichkommende günstige Dosisverteilung zur Bestrahlung oberflächennaher Krankheitsherde aufzeigen. Inzwischen konnte aber gezeigt werden, daß es auch mit der Bewegungsbestrahlung möglich ist, eine ebenso günstige Dosisverteilung zu erzielen (Abb. 59). Es dürfte auch hier das noch fehlende Vergleichsergebnis von Interesse sein; denn die Frage nach den zweckmäßigen Bestrahlungsbedingungen wird auch immer eine ökonomische Frage sein.

D. Gesetzmäßigkeiten der Tiefendosiskurven bei Bewegungsbestrahlung

Neben der Kenntnis der Isodosen, wie sie in ihrer Gestaltung oben erläutert und in den „Typischen Beispielen" für Einzelfälle vorliegen, sind die Dosisverhältnisse an den markanten Punkten, an der Oberfläche und im Dosismaximum, sowie die Lage des Dosismaximums zum Drehpunkt für die Aufstellung des Bestrahlungsplanes von gleicher Wichtigkeit.

In Abb. 60 sind die relativen Tiefendosiskurven (rTD) für verschiedene Rotationswinkel in einem Zylinderphantom von 30 cm dargestellt (entspricht den Isodosen Abb. 16). Für das Stehfeld (Rot. 0°) zeigt sich der bekannte Dosisabfall von 100% an der Oberfläche bis auf 11% an der Rotationsachse (15 cm Tiefe). Die rTD beträgt also an der Rotationsachse 11%. Mit zunehmendem Rotationswinkel steigt die rTD im vorgegebenen Falle bis 360° auf 280% an, was auf die Verminderung der Oberflächendosis mit Vergrößerung des Rotationswinkels zurückzuführen ist. Gleichzeitig spiegelt diese Darstellung die Wanderung des Maximums — d. h. der für die Bestrahlung eines Krankheitsherdes günstigste Bereich der Tiefendosiskurve — von der Oberfläche zur Rotationsachse hin, wider und zeigt die Konzentration der höchsten Dosis auf engstem Raum bei Rot. 360°.

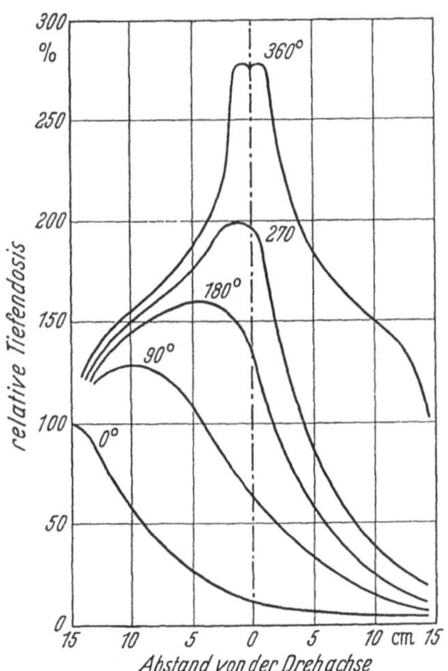

Abb. 60. Relative Tiefendosiskurven bei Rotation, Feldgröße 5 × 15 cm (nach im Paraffin-Phantom gemessenen Isodosen; Abb. 16)

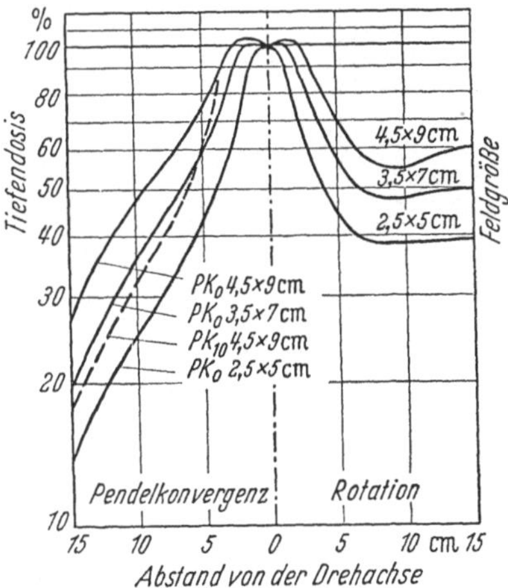

Abb. 61. Tiefendosiskurven bei Rotation 330° und Pendelkonvergenz 330°/60° (gemessen im Plexiglas-Wasserphantom)

Ebenfalls für ein 30 cm-Zylinder-Phantom ist in Abb. 61 die Abhängigkeit der Tiefendosiskurve von der Feldgröße für Rotation (Rot. 330°) und Pendelkonvergenz (PK$_0$ 330°/60°) dargestellt. Um die Verminderung der Oberflächendosis durch den Bewegungsvorgang deutlich werden zu lassen, wurde hier die Dosis an der Rotationsachse zu 100% angenommen. Es ist eine Eigenart der Rotation, daß der Dosisabfall in den peripheren Bereichen aufhört, ja sogar einem leichten Anstieg Platz machen kann. Die Ursache hierfür ist nach Abb. 13 darin zu suchen, daß die Verminderung der Dosis durch den Bewegungseffekt linear von der Achse nach außen hin zunimmt, während die dem Bewegungsvorgang unterlegte Tiefendosiskurve exponentiell — also wesentlich stärker — nach außen hin ansteigt. Bei der Pendelkonvergenz hält der Dosisabfall hingegen durch die Wirksamkeit des Konvergenzeffektes bis zur Oberfläche an. Diese Wirkung kann gegenüber der axialen Pendelkonvergenz (ausgezogene Kurven) durch die Transaxiale Pendelkonvergenz (PK$_{10}$ 330°/60°) noch erhöht werden, wie für die Feldgröße 4,5 × 9 cm (gestrichelte Kurve) gezeigt wird.

I. Abhängigkeit der Lage des Dosismaximums von den Bestrahlungsbedingungen

Eine der wesentlichen Fragen, die uns bei der Aufstellung des Bestrahlungsplans entgegentritt, heißt: In welchem Abstand und in welcher Richtung von der Herdmitte muß man den Drehpunkt legen, damit der günstigste Bereich der Tiefendosiskurve — schlechthin Dosismaximum genannt — mit dem Herd übereinstimmt? Es ist hierfür notwendig, die Gesetzmäßigkeit der Beziehung zum Drehpunkt und zur Oberfläche zu erläutern. Vorerst ist natürlich festzulegen, was unter dem Begriff „günstigster Bereich" bzw. „Dosismaximum" in diesem Zusammenhang zu verstehen ist.

1. Definition des Begriffs „Dosismaximum"

Jede durch eine Rotationsbewegung modifizierte Tiefendosiskurve besitzt einen Dosisgipfel, d. h. einen — in Sonderfällen zwei — Punkte höchster Dosis. Die Ausdehnung des Krankheitsherdes macht es aber in jedem Falle erforderlich, auch Bereiche der Tiefendosiskurve mit 10% oder 20% niedrigerer Dosis in den Krankheitsherd hinein zu verlegen. Abb. 62 zeigt schematisch durch Schraffur, was unter verschiedenen Bedingungen als der „günstigste Bereich" der Tiefendosiskurve oder schlechthin als Dosismaximum anzusehen und zu bezeichnen ist. Für schmale Felder bzw. bei hoher Strahlenhärte (250 kV; 0,4 Sn-Thoraeus-Filter) zeigt die oberste Kurve für Rot. 360° ein Dosismaximum, dessen höchster Dosiswert mit der Rotationsachse zusammenfällt. Bei breiten Feldern bzw. geringer Strahlenhärte (200 kV; 0,2 Cu-Filter) entsteht ein Dosismaximum mit zwei Dosishöchstwerten, die symmetrisch zur Rotationsachse liegen. Die Mitte der Basislinie des Dosismaximums (gestrichelte Untergrenze der Schraffur), die etwa der

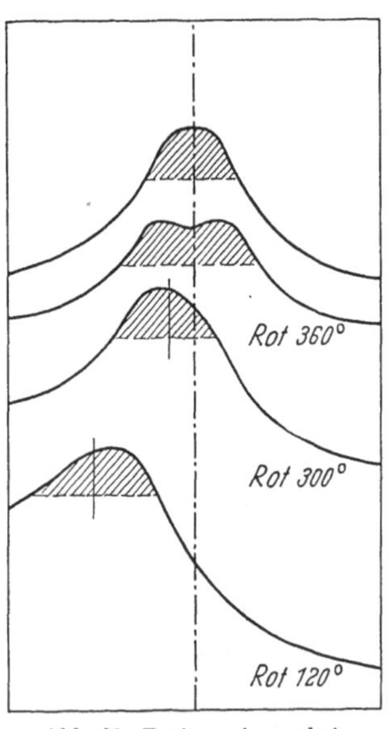

Abb. 62. Dosismaximum bei verschiedenen Rotationswinkeln (schematisch)

80%-Isodose entspricht, liegt in beiden Fällen ebenfalls symmetrisch. Bei allen Winkeln kleiner als Rot. 360° tritt eine Unsymmetrie in der Tiefendosiskurve auf, die durch Fortfall der Einstrahlung aus dem nicht durchfahrenen Winkelbereich hervorgerufen wird. Die Mitte der Basislinie des Dosismaximums — d. h. der Mittelpunkt der entsprechenden Isodose — liegt bei Rotationswinkeln von 240 bis

330° hinter dem Punkt der höchsten Dosis, während sie sich von 180° abwärts mehr und mehr vor den Punkt der höchsten Dosis verlagert. Für Rot. 360° ist es eindeutig, wie das Dosismaximum in den Krankheitsherd lokalisiert werden muß. In allen anderen Fällen tritt uns die Frage entgegen, entweder die Mitte des Krankheitsherdes mit dem Punkt höchster Dosis oder aber mit der Mitte der Basislinie bzw. dem Mittelpunkt der entsprechenden Isodose in Übereinstimmung zu bringen. Die Beantwortung dieser Frage gibt uns Abb. 63. Im Isodosenplan *a* liegt die Mitte des Krankheitsherdes im Zentrum der 80%-Isodose. Der Randbereich des Krankheitsherdes erhält die gleiche Dosis, und nur im Innern herrscht

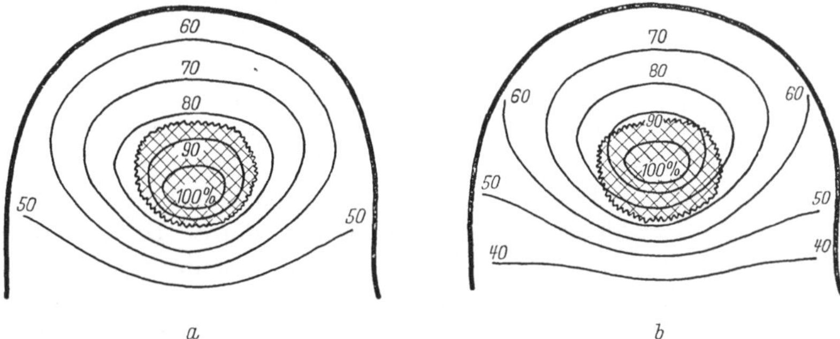

Abb. 63. Isodosen bei Rot 180° mit Krankheitsherd (schraffiert): *a* zentriert auf die Mitte der 80%-Isodose (rTD 180%); *b* zentriert auf das Dosismaximum 100% (rTD 150%)

eine geringe unsymmetrische Dosisverteilung. Beim Isodosenplan *b* stimmen Herdmitte und der Punkt höchster Dosis überein. Hierbei erhält der Vorderrand des Krankheitsherdes etwa 95%, der rückwärtige Rand jedoch nur etwa 75% der höchsten Dosis, und auch im Innern kann von einer gleichmäßigen Dosisverteilung nicht gesprochen werden. Aus dieser Gegenüberstellung läßt sich die allein mögliche Schlußfolgerung ziehen, den Krankheitsherd auf die Mitte der Basislinie (Abb. 62) bzw. auf die Mitte der entsprechenden Rand-Isodose zu zentrieren.

Der Abstand von der Mitte der Basislinie (Abb. 62) und damit von der Mitte des Krankheitsherdes von der Rotationsachse bzw. vom Drehpunkt ist als Drehpunkt-Herd-Abstand (DHA) oder einfach als Drehpunkt-Abstand (DrA) zu bezeichnen. Der Abstand von der Herdmitte zur Oberfläche ist dann der Oberflächen-Herd-Abstand (OHA) oder einfach der Herd-Abstand (HA). Der kürzeste Abstand von der Herdmitte zur Oberfläche ist die Herdtiefe (HT), und der kürzeste Abstand des Drehpunktes von der Oberfläche dementsprechend die Drehpunkt-Tiefe (DrT). Dieses sind die Größen, die bei der Klärung der Gesetzmäßigkeiten der Lage des Dosismaximums im Körper von Bedeutung sind.

2. Abhängigkeit der Lage des Dosismaximums von der Feldgröße und dem Rotationswinkel

Die aus Abb. 16 sowie Abb. 60 ersichtliche Abhängigkeit der Lage des Dosismaximums vom Rotationswinkel läßt sich graphisch in der Weise darstellen, wie es in Abb. 64 geschehen ist. Man erkennt, daß bei einem Rotationswinkel von 0° (Stehfeld) das Dosismaximum an der Oberfläche liegt. Mit Vergrößerung des Rotationswinkels wandert das Dosismaximum mehr und mehr in die Tiefe. Bei

120° liegt es im vorgegebenen Falle etwa auf der Mitte zwischen Rotationsachse und Oberfläche, um bei 360° die Rotationsachse bzw. den Drehpunkt zu erreichen.

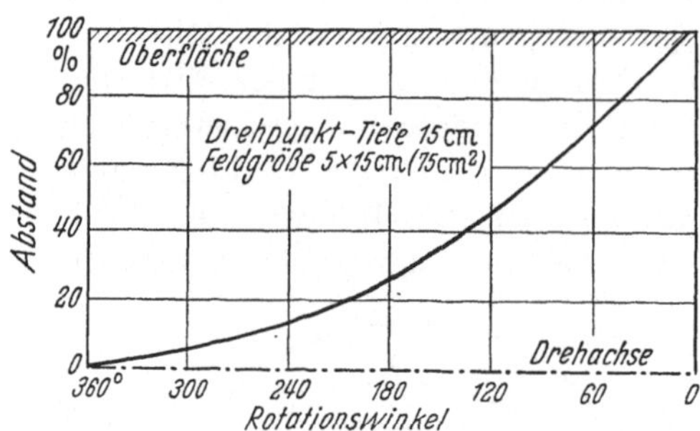

Abb. 64. Lage des Dosismaximums bei verschiedenen Rotationswinkeln zwischen Drehpunkt (0%) und Oberfläche (100%)

Man könnte geneigt sein anzunehmen, mit Hilfe einer so aufgedeckten Beziehung für jeden anderen als den in diesem Beispiel gegebenen Abstand des Drehpunktes von der Oberfläche, d. h. einer anderen Drehpunkttiefe als 15 cm, diese für die Bestrahlungsplanung so wichtige Lagebestimmung des Dosismaximums vornehmen zu können. Dieses könnte etwa, wie in Abb. 64 gezeigt ist, durch Verallgemeinerung der Tiefe in %-Werten geschehen. Für einen Rotationswinkel von 180° ließe sich dann z. B. entnehmen, daß der Abstand des Dosismaximums von der Oberfläche, d. h. die Herdtiefe, 75% der Drehpunkttiefe beträgt. Für die Drehpunkttiefe von 15 cm ist der Abstand zwischen Drehpunkt und Dosismaximum, d. h. der Drehpunkt-Herd-Abstand, 25%, also etwa 4 cm.

Nimmt man zur Kontrolle dieser angestrebten Möglichkeit einer einfachen rechnerischen Bestimmung eine extrem kleine Drehpunkttiefe von 4 cm an, so müßte sich für Rot. 180° der Abstand zwischen Drehpunkt und Dosismaximum wiederum zu 25%, also zu 1 cm ergeben. Experimentell erweisen sich jedoch 1,5 cm, also ein um 50% größerer Wert als richtig. Diese Abweichung ist systematischer Natur, wie Abb. 65 erkennen läßt.

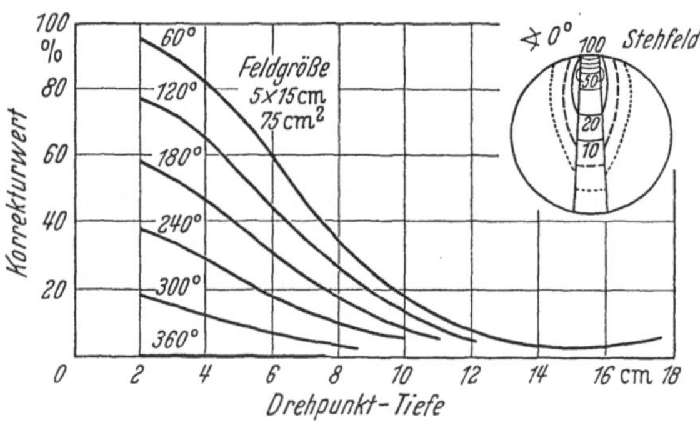

Abb. 65. Korrekturkurven für die Drehpunkttiefe zu Abb. 64

Der Verlauf der notwendigen Korrekturkurven weist eine ausgesprochene Ähnlichkeit mit derjenigen des Intensitätsverlaufs der Streustrahlung im Körper auf. Der Streustrahlung kommt bekanntlich bei der Bewegungsbestrahlung insofern eine besondere Bedeutung zu, als der Streustrahlenmantel durch die Bewegung des Strahlenkegels im Innern des Körpers an der Ausbildung des Dosismaximums voll beteiligt ist. Wie das Beispiel der Stehfeld-Isodosen zeigt, addiert sich dabei die Intensität des Streustrahlenmantels zu der im Strahlenkegel herrschenden Strahlenintensität und erhöht diese — bei 200—250 kV — bevorzugt im Bereich zwischen 1—3 cm Tiefe. Hier wird die notwendige Korrektur

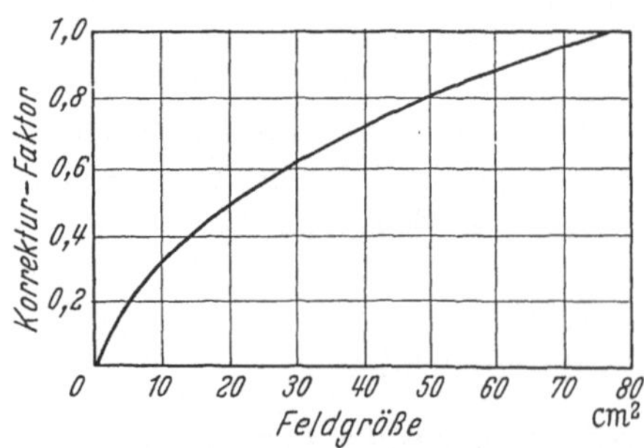

Abb. 66. Korrekturkurven für die Feldgröße zu Abb. 64 und 65

am größten, während sie im Bereich von etwa 12 cm—18 cm, selbst bei kleinen Rotationswinkeln, praktisch Null ist. In sehr großen Tiefen steigt der Korrekturwert — bedingt durch den hier herrschenden sehr großen Anteil der Streustrahlung an der Gesamtstrahlung — wieder an. Diesen strahlenphysikalischen Gegebenheiten läßt sich entnehmen, daß bei Verlagerung des Drehpunktes von der Oberfläche in die Tiefe das Dosismaximum die Tendenz hat, in den Bereichen besonderer Wirksamkeit der Streustrahlung — also nahe der Oberfläche sowie in sehr großen Tiefen — zu verharren und sich relativ stärker vom Drehpunkt zu entfernen. Bekanntlich ist es sogar bei kleinen Rotationswinkeln möglich, den Drehpunkt auf der Gegenseite des Bestrahlungsbereiches aus dem Körper heraus zu verlegen, während das Dosismaximum unter der Wirkung der Streustrahlung im Körper verbleibt.

Mit Kenntnis dieser Zusammenhänge läßt sich für diese Feldgröße bei jedem Rotationswinkel und für jede Drehpunkttiefe die Lage des Dosismaximums bestimmen. Für andere Feldgrößen lassen sich mit Hilfe der Korrekturkurve Abb. 66 die entsprechenden Werte bestimmen.

In Abb. 67 ist als Beispiel für einen Rotationswinkel von 90° die durch Herdtiefe und Drehpunkttiefe gekennzeichnete

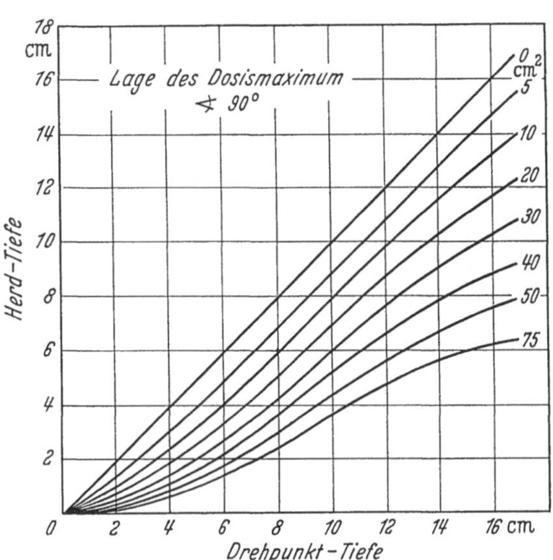

Abb. 67. Lage des Dosismaximums bei Rot 90° für verschiedene Feldgrößen (Feldabmessungen 1:2)

Lage des Dosismaximums für verschiedene Feldgrößen dargestellt. Die Feldgrößen sind hier — wie bei der Korrekturkurve Abb. 66 — in Quadratzentimetern angegeben, wobei die Feldabmessungen auf ein Verhältnis der Feldbreite zur Feldlänge von 1:2 festgelegt sind. Eine Feldgröße von 40 cm² entspricht dann einer Feldabmessung von 4,5 × 9 cm. Die Randbedingung einer Feldgröße von 0 cm² zeigt, daß Herdtiefe und Drehpunkttiefe in jedem Falle gleich sind, Drehpunkt und Dosismaximum fallen also immer zusammen. Mit zunehmender Feldgröße wird der Abstand zwischen Dosismaximum und Drehpunkt größer, und die erläuterten Einflüsse der Streustrahlung gewinnen mehr und mehr an Geltung. Besonders deutlich wird dieses bei einer Feldgröße von 75 cm², was einer Feldabmessung von etwa 6 × 12 cm entspricht. Mit zunehmender Drehpunkttiefe löst sich das Dosismaximum nur zögernd von der Oberfläche, d. h. aus dem Bereich der maximalen Intensität des Streustrahlenmantels. Die Kurve verläuft hier dementsprechend sehr flach. Erst von einer Drehpunkttiefe von 6 cm ab wird der Anstieg der Kurve steiler. Aber bereits von 14 cm ab wird der Kurvenverlauf wieder flacher, und über 16 cm folgt das Dosismaximum der zunehmenden Tiefe des Drehpunktes kaum noch nach. Bei einem Rotationswinkel von 90° — der zwar für die Praxis wenig Bedeutung hat — lassen sich diese Erscheinungen am besten studieren. Mit zunehmendem Rotationswinkel erscheint die Kurvenschar entsprechend dem verminderten Abstand zwischen Dosismaximum und Drehpunkt mehr und mehr gegen die 0 cm²-Kurve zusammengedrängt, um bei 360° mit ihr übereinzustimmen.

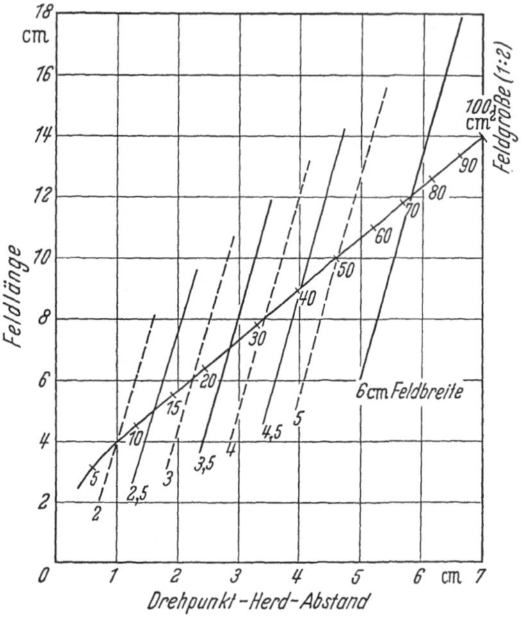

Anstatt den Drehpunkt-Herd-Abstand auf die Feldgröße in Quadratzentimetern (Feld 1:2) zu beziehen, kann hierfür auch die Feldbreite verwendet werden. In Abb. 68 ist die Beziehung zwischen Feldgröße in Quadratzentimetern (Feld 1:2) sowie der Feldbreite und Feldlänge graphisch dargestellt. Es ist z. B., wie oben erwähnt, die Feldabmessung 4,5 × 9 cm mit einer Feldgröße von 40 cm² (Feld 1:2) identisch. Sie ergibt für einen Rotationswinkel von 120° — etwa den niedrigsten, in der Praxis verwendeten Winkelbereich — einen Drehpunkt-Herd-Abstand von 4 cm. Bei gleichbleibender Feldbreite von 4,5 cm vermindert sich dieser Wert für eine Feldlänge von 4,5 cm (Feld 1:1) auf etwas unter 3,5 cm und erhöht sich für eine Feldlänge von 13,5 cm (Feld 1:3) auf etwas über 4,5 cm.

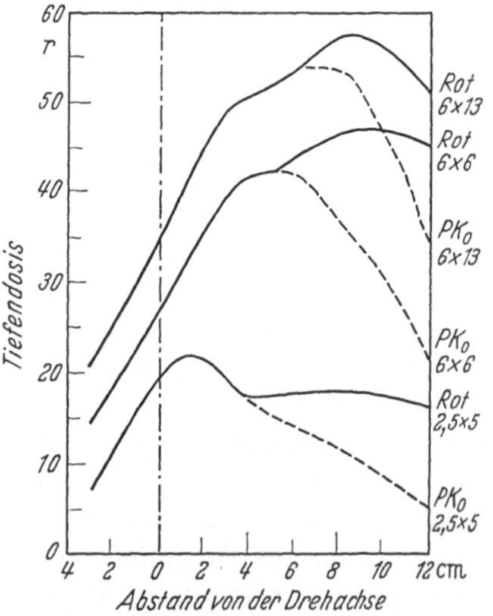

Abb. 68. Einfluß von Feldbreite und Feldlänge auf den Drehpunkt-Herd-Abstand (Rot 120°)

Abb. 69. Tiefendosiskurven im Plexiglas-Wasserphantom (24 cm ⌀) für Rot 120° und PK₀ 120°/60°

Beim Übergang von den Feldabmessungen 1:1 auf 1:3 erhöht sich also bei einer Feldbreite von 4,5 cm der Drehpunkt-Herd-Abstand um etwa 40%. Dieses gilt prozentual in gleicher Weise auch für größere Rotationswinkel, wirkt sich aber bei dem allgemein geringeren Drehpunkt-Herd-Abstand entsprechend geringer aus. Auf jeden Fall geht aus Abb. 68 klar hervor, daß eine eindeutige Beziehung zwischen dem Drehpunkt-Herd-Abstand und dem Feld nicht besteht. Es ist lediglich eine Frage der Zweckmäßigkeit, ob man auf die Feldgröße (Feld 1:2) oder auf die Feldbreite Bezug nimmt.

Bei Verwendung der Feldgröße in Quadratzentimetern (Feld 1:2) ergibt sich ein leichtes Umrechnungsverfahren für die noch verwendeten Feldabmessungen 1:1 und 1:3. Geht man z. B. von der Feldabmessung 4,5 × 9 cm = 40 cm² aus, so ergeben sich für 4,5 × 4,5 cm = 20 cm² (Feld 1:1) und für 4,5 × 13,5 cm = 60 cm² (Feld 1:3).

Nach Abb. 68 entspricht 4,5 × 4,5 cm einer Feldgröße von 30 cm² (Feld 1:2) und 4,5 × 13,5 cm einer Feldgröße von 50 cm² (Feld 1:2). Sie liegen also in beiden Fällen auf der Hälfte zwischen dem Ausgangswert 40 cm² und den errechneten Werten 20 cm² und 60 cm².

Bei kleinen Rotationswinkeln und großen Drehpunkttiefen ergibt sich kein eindeutiges Dosismaximum mehr, wie in Abb. 69 für einen Rotationswinkel von 120° und eine Drehpunkttiefe von 12 cm dargestellt wird. Zwar zeigt sich an den nach Abb. 68 für die verschiedenen Felder erwarteten Drehpunkt-Herd-Abständen die Ausbildung des Dosismaximums, doch ist dieses nur bei dem Feld 2,5 × 5 cm gut zu erkennen, während es bei den Feldern 6 × 6 cm und 6 × 13 cm nur noch angedeutet ist. Es reicht hier ganz offensichtlich der Bewegungsvorgang der Rotation nicht aus, um den exponentiellen Anstieg der ihm unterlegten Tiefendosiskurve in der üblichen Weise in einen Abfall umzuwandeln. Erst die zusätzliche Translationsbewegung der Pendelkonvergenz stellt die gewünschten Verhältnisse her und läßt das Dosismaximum in dem nach Abb. 68 erwarteten Drehpunkt-Herd-Abstand entstehen.

3. Einfluß der Körperkonturen auf die Lage und Form des Dosismaximums

Um das Dosismaximum in den Herdbereich zu legen, ist neben der Kenntnis der Drehpunkt-Herd-Abstandes auch die Richtung, die diese Größe innerhalb des Körpers zu diesem Zweck einnehmen muß, von Bedeutung. Im Zusammenhang mit der Beschreibung der Gestaltung der Isodosen ist hierüber schon manches angedeutet worden, doch wird es noch erforderlich sein, spezielle Fälle strahlenphysikalisch zu erläutern. Soll in einem Ovalphantom (Abb. 70a) die Mitte über einen Rotationswinkel von 180° bestrahlt werden, so muß der Drehpunkt (DrP) in den durch ein Kreuz gekennzeichneten Punkt des Querschnittes gelegt werden. Ursache hierfür ist die Tatsache, daß sich das Dosismaximum vom Drehpunkt aus gesehen immer in Richtung des im Mittel stärksten Strahlenzuflusses zur Oberfläche hin verlagert. Dieses ist ganz bevorzugt die Richtung, in der der kürzeste Oberflächen-Herd-Abstand (OHA; HA), also die Herdtiefe (HT) liegt.

Sind in Abb. 70a die den Bestrahlungs-Winkelbereich begrenzenden Herdabstände (HA) größer als die Herdtiefe (HT), so werden sie im Zylinderphantom Abb. 70b gleich der Herdtiefe HT, ohne daß die Lage des Drehpunktes (DrP) zum Dosismaximum dadurch eine Änderung erfährt. Bei konstantem Abstand des Herdes von der Oberfläche — wenn also gewissermaßen 3 Herdtiefen auftreten — übernimmt die Winkelhalbierende des Bestrahlungswinkelbereiches die Rolle der Herdtiefe entsprechend Abb. 70a, wo aus Gründen der Symmetrie Herdtiefe und Winkelhalbierende zusammenfallen.

Oft liegen unsymmetrische Verhältnisse vor, wie sie in Abb. 70c im Thoraxquerschnitt (Bronchial-Ca.) dargestellt sind. Hier ist weder die Herdtiefe noch die Winkelhalbierende des Bestrahlungs-Winkelbereiches für die Lage des Drehpunktes zum Dosismaximum, sondern die Resultierende — etwa die Winkelhalbierende zwischen beiden — maßgeblich.

In Abb. 70d ist eine dem symmetrischen Fall b entsprechende, oft beim Oesophagus auftretende Anordnung mit 3 Herdtiefen gezeigt. Hier übernimmt wieder

die Winkelhalbierende des Bestrahlungs-Winkelbereiches die für den Drehpunkt
maßgebliche Rolle.

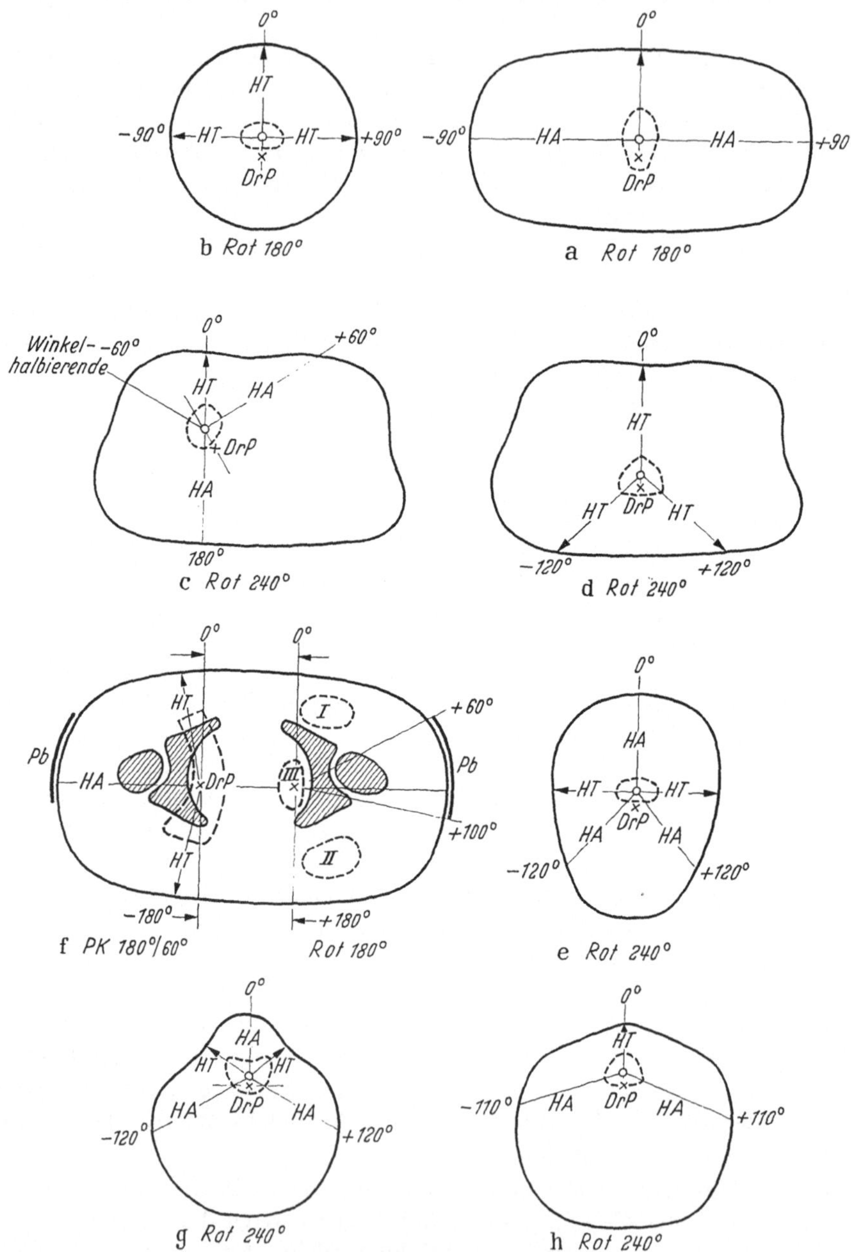

Abb. 70. Lage und Form des Dosismaximums unter verschiedenen Bedingungen

Liegt in den besprochenen Fällen a, b und d die Winkelhalbierende in Richtung
eines kürzesten Herdabstandes (HA), so zeigt Abb. 70e (Schädel, Frontalschnitt),
daß die Verhältnisse ungeändert bleiben, wenn es ein längerer Herdabstand (HA)

ist und nur zwei symmetrisch dazu liegende Herdtiefen (HT) vorhanden sind. Der Drehpunkt liegt dabei, wie in allen Fällen a bis e, hinter dem Dosismaximum im nicht durchstrahlten Bereich des jeweils betrachteten Querschnittes.

In Abb. 70f werden die Verhältnisse scheinbar völlig verändert. Es handelt sich hier um einen Beckenquerschnitt (einseitige Bestrahlung des Parametriums), bei dem zur Knochenschonung eine Bleiabdeckung (Pb) des Trochanters erfolgt. Dieses hat zur Folge, daß der Bestrahlungsbereich bei Rot. 180° in zwei Winkelbereiche von 60° bzw. 80° aufgeteilt wird. Für jeden Winkel entsteht ein Maximum I und II, sowie durch Überlagerung ein drittes Maximum III im Bereich des Drehpunktes. Diese Aufspaltung der Maxima wird durch den knöchernen Beckenring wesentlich unterstützt und würde auch ohne die Bleiabdeckung durch das Trochantermassiv entstehen. Verhindert wird dieses für eine Bestrahlung ungünstige Phänomen durch die Anwendung der Pendelkonvergenz PK 180°/60°, wie es näher im Abschnitt über die Gestaltung der Isodosen erläutert worden ist. Anstelle der 3 Maxima entsteht dann ein einziges langgestrecktes Dosismaximum, dessen Mitte etwa mit der Lage des Drehpunktes übereinstimmt und dessen Herdtiefe nach ventral zur Leistenbeuge hin, sowie etwa symmetrisch dazu nach dorsal verlaufen.

Ähnlich interessante Verhältnisse liegen auch im Halsgebiet (Larynx) vor.

Abb. 70g zeigt für einen schmalen Hals das Auftreten von 2 Herdtiefen. Verständnis für die hier wirksame Strahlengeometrie gewinnt man durch getrennte Betrachtung der beiderseitigen (0° bis −120° und 0° bis +120°) Hälften des Bestrahlungsbereiches von Rot. 240°. In beiden Hälften fallen Herdtiefe und Winkelhalbierende zusammen. Für die linke Hälfte (0° bis −120°) würde sich eine Lage des Drehpunktes in der rückwärtigen Verlängerung der Herdtiefe in dem erwarteten Drehpunkt-Herd-Abstand (DrA) rechts von der Mittellinie (0°) ergeben, während für die rechte Hälfte (0° bis +120°) der entsprechende Drehpunkt symmetrisch dazu links von der Mittellinie (0°) sein müßte. Da man logischerweise nur mit einem Drehpunkt arbeiten kann, findet man diesen auf der Mitte der Verbindungslinie zwischen beiden. Der resultierende Drehpunkt-Herd-Abstand beträgt dann nur noch etwa die Hälfte des ursprünglichen Wertes! Bei einem dicken, runden Hals (Abb. 70h) ist nur eine in der Winkelhalbierenden des Bestrahlungs-Winkelbereiches liegende Herdtiefe vorhanden. Die Lage des Drehpunktes ergibt sich dann entsprechend Abb. 70a in einfacher Weise.

Über die Form des Dosismaximums in bezug auf die Querschnittskontur ist im Abschnitt über die Gestaltung der Isodosen schon das wesentliche ausgeführt. Ergänzend dazu lassen die eben diskutierten Beispiele besonders gut die Tendenz des Dosismaximums erkennen, sich in Richtung des kürzesten Abstandes zur Oberfläche, also in Richtung der Herdtiefe in die Länge zu ziehen. Bei 2 bzw. 3 Herdtiefen erfolgt ein Auseinanderziehen in 2 bzw. 3 Richtungen. Dieses entfällt bei Abb. 70b in der 0°-Richtung als Folge des rückwärts verlegten Drehpunktes.

II. Oberflächendosis und Geometrie des Strahlenkegels

Bereits bei der Erörterung der Wirkungsweise der verschiedenen Formen der Bewegungsbestrahlung ist mit Abb. 4 der für die Oberflächendosis wesentliche Effekt des wandernden Strahlenkegels herausgestellt worden.

1. Geometrie des Strahlenkegels

Der nichtpunktförmige Fokus der Therapieröhre bewirkt bei einer Ausblendung grundsätzlich eine Aufspaltung des Strahlenkegels in ein voll bestrahltes Gebiet und einen ringsumgebenden Halbschatten, in dessen Bereich die Dosis auf Null abfällt. Beim Stehfeld erfolgt die Ausblendung durch den Tubus unmittelbar an der Oberfläche, auf die auch der Nennwert der Feldgröße, z. B. 10 × 15 cm, bezogen wird. Das Oberflächenfeld besteht, wie Abb. 71 erkennen läßt, nur aus einem voll bestrahlten Gebiet. Erst in der Tiefe macht sich ein geringer Halbschatten geltend.

Bei der Rotation liegen die Verhältnisse durch die notwendige fokusnahe Ausblendung wesentlich anders (Abb. 72). Bereits an der Oberfläche ist ein Halbschattengebiet vorhanden, das sich bis zur Rotationsachse hin noch vergrößert.

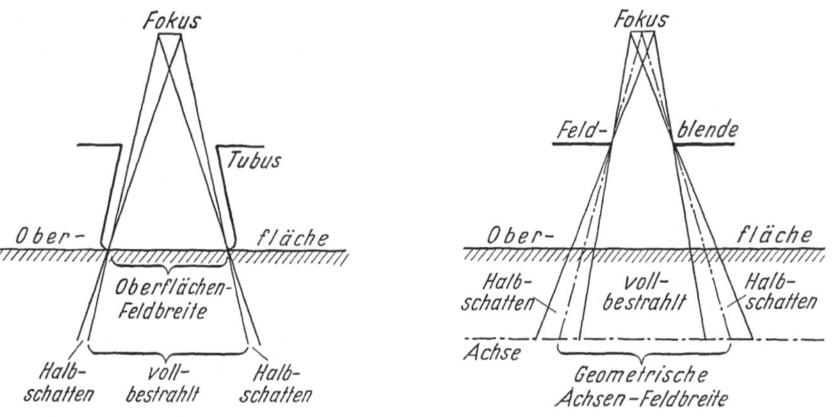

Abb. 71. Röntgen-Strahlenkegel beim Stehfeld　　　　Abb. 72. Röntgen-Strahlenkegel bei Rotation

Der Nennwert der Feldgröße wird hier nicht mehr auf den Fokus-Oberflächen-Abstand, sondern auf den konstanten Fokus-Drehachsen-Abstand bezogen. Es entsteht jetzt die Frage, ob man, wie beim Stehfeld, das vollbestrahlte Gebiet als Nennwert angeben oder aber den Halbschatten in diesem Wert mit einbeziehen soll. Wie Abb. 72 erkennen läßt, würde in beiden Fällen der sich ergebende Wert sowohl von der Fokusgröße als auch von dem Fokus-Blenden-Abstand abhängig und damit keine absolute Größe sein. Man hat sich daher auf die sog. „Geometrische Achsenfeldgröße" festgelegt, die von einem punktförmigen Fokus ausgeht und etwa die Hälfte des Halbschattengebietes in den Nennwert mit einbezieht.

2. Oberflächendosis bei der Rotation

Beim Rotationsvorgang bleibt die Achsenfeldgröße unverändert, während sich die Oberflächen-Feldgröße mit zunehmendem Abstand der Oberfläche von der Drehachse (ODA) verkleinert (Abb. 73 und Abb. 74). Die Verminderung der Oberflächendosis an drehachsenfernen Punkten wird also nicht nur durch eine Verteilung auf einem größeren Umfang, sondern auch durch eine Verkleinerung der Feldbreite erreicht, und zwar trotz der mit Annäherung an den Fokus steigenden Einfallsdosisleistung (EDL). Es tritt uns hier das so oft diskutierte Phänomen entgegen, daß bei der Bewegungsbestrahlung die fokusnahen Bereiche der Oberfläche eine geringere Oberflächendosis erhalten als die fokusfernen. Diese Feststellung ist interessant, wenn man die Umkehrung der Verhältnisse bei der Stehfeldbestrahlung damit vergleichen will, wo bekanntlich die Oberflächendosis mit Annäherung an den Fokus zunimmt. Im Gegensatz zur Stehfeldbestrahlung, bei

der man die Betrachtung von außen her nach dem Körperinnern hin anstellt, soll man bei der Bewegungsbestrahlung von innen nach außen hin denken, z. B. vom Drehpunkt aus zur Peripherie des Körperquerschnittes. So betrachtet, würde der obige Grundsatz lauten: Die Oberflächendosis ist um so größer, je näher die Oberfläche dem Drehpunkt liegt, und um so niedriger, je weiter die Oberfläche vom Drehpunkt entfernt ist. Dieses ist nach Abb. 4 so zu erklären, daß zu einer kleinen Drehpunkt-Tiefe als Radius ein kleiner Umfang gehört, auf dem sich das Oberflächenfeld nur wenige Male abtragen läßt. Es ließe sich danach für jede Drehpunkttiefe durch die Division Umfang/Ober-

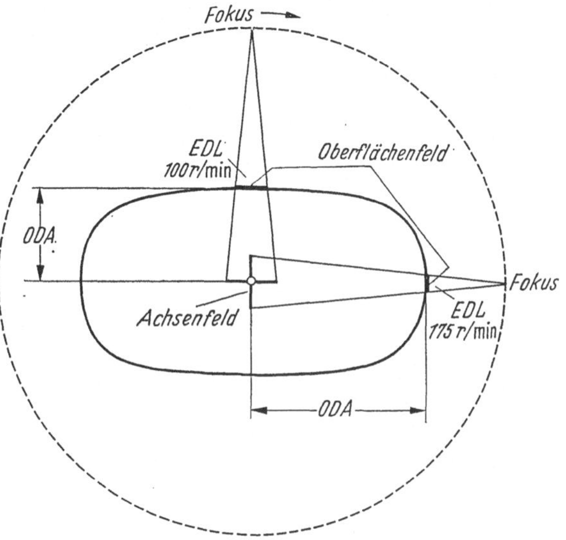

Abb. 73. Veränderung des Oberflächenfeldes am ovalen Körper bei Rotation

flächen-Feldbreite der Faktor ermitteln, um den sich die Oberflächendosis bei voller Rotation gegenüber dem Stehfeld vermindert. Eine Phantommessung zeigt jedoch, daß eine solche Rechnung zu einer zu kleinen Oberflächendosis führt und der richtige Wert sich nur ergibt, wenn man die Feldbreite größer annimmt, als

sie sich aus der geometrischen Achsenfeldbreite nach Abb. 72 ergibt. Solche in Abb. 75 eingezeichneten 4 Meßwerte führen auf der Abszisse zu einer konstanten Abweichung, die nach Abb. 72 nur als Auswirkung des Halbschattens zu erklären ist, in dessen Breite ja noch außerhalb der ermittelten Feldbreite die Oberfläche von Strahlung getroffen wird. Die wirksame Feldbreite muß also schon aus diesem Grunde größer als die geometrische Feldbreite sein. Darüber hinaus werden die umgebenden Oberflächengebiete noch von der Streustrahlung aus dem Bereich des Strahlenkegels getroffen. Die Intensität dieser als

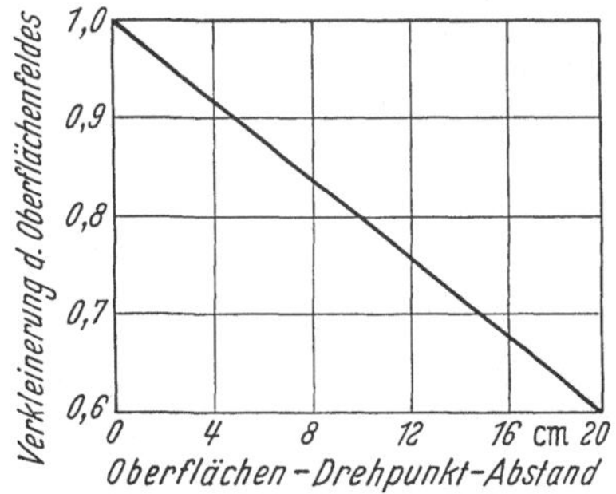

Abb. 74. Verkleinerung des Oberflächenfeldes mit zunehmendem Oberflächen-Drehpunkt-Abstand

Streustrahlenmantel bezeichneten und schon mehrfach diskutierten Erscheinung nimmt, wie zu erwarten, mit der Feldgröße, also auch mit der Feldbreite zu. Die sich nach Abb. 75 ergebenden wirksamen Feldbreiten führen bei Drehpunkttiefen größer als 8 cm rechnerisch zu Werten, die mit den tatsächlichen in guter

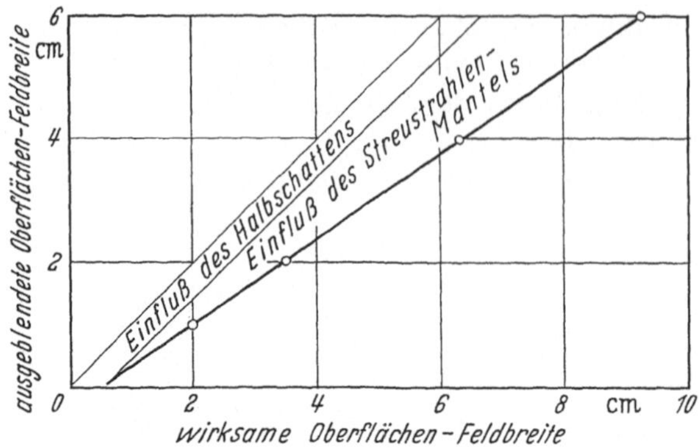

Abb. 75. Scheinbare Vergrößerung der Oberflächen-Feldbreite durch Halbschatten und Streustrahlen-Mantel (nach Meßwerten von DU MESNIL)

Übereinstimmung sind. Auch die Umrechnung von diesen für 360° geltenden Werten läßt sich in diesem Bereich durch einfache Multiplikation mit dem sich durch Verkleinerung des Bestrahlungsbereiches ergebenden Faktor bestimmen, z. B. bei 240° Faktor 1,5; bei 180° Faktor 2 und bei 120° Faktor 3. Bei Drehpunkttiefen unter 8 cm ergibt die Rechnung zunehmende Abweichungen, da mit Verminderung der Drehpunkttiefe für alle Feldgrößen

und Winkel schließlich die Werte für das Stehfeld erreicht werden.

Die Oberflächendosis hat an jedem Punkt der Oberfläche eines Körpers einen anderen Wert, wie die besprochenen Isodosenpläne zeigen. Nur bei einem zylindrischen Körper und auch nur dann, wenn der Drehpunkt zentral liegt und der volle Winkel von 360° bestrahlt wird, ist an jedem Punkt der Oberfläche die Dosis gleich. Da dieser Sonderfall für die Praxis ohne Bedeutung ist, entsteht die Frage, welcher Wert der Oberflächendosis besonders zu beachten und für den Bestrahlungsplan wichtig ist. Es dürfte sich ohne Zweifel um den jeweils höchsten

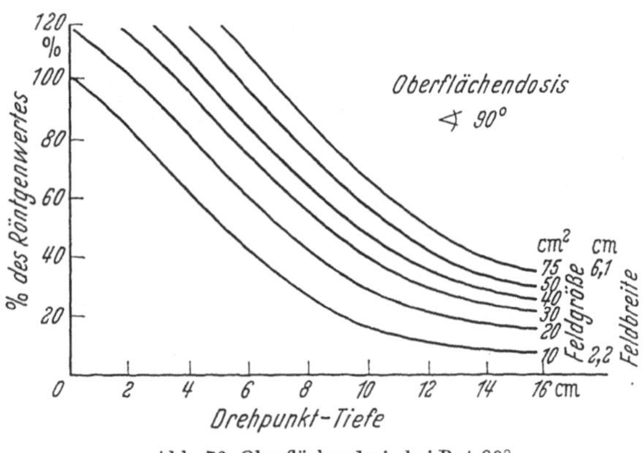

Abb. 76. Oberflächendosis bei Rot 90°

Wert handeln, denn in seinem Bereich ist die Gefahr eines Hauterythems am größten. Wie oben gezeigt wurde, ist dieses an der Stelle des kürzesten Abstandes des Drehpunktes von der Oberfläche zu erwarten. Auf diesen, definitionsgemäß als Drehpunkttiefe zu bezeichnenden kürzesten Oberflächen-Drehpunkt-Abstand ist also die Oberflächendosis zu beziehen. In Abb. 76 sind diese Bedingungen für einen Rotationswinkel von 90° und Achsen-Feldgrößen von 2,2 cm—6,1 cm dargestellt. Bei diesem kleinen Winkel ergeben sich nur bei großen Drehpunkttiefen und kleinen Feldgrößen noch brauchbare

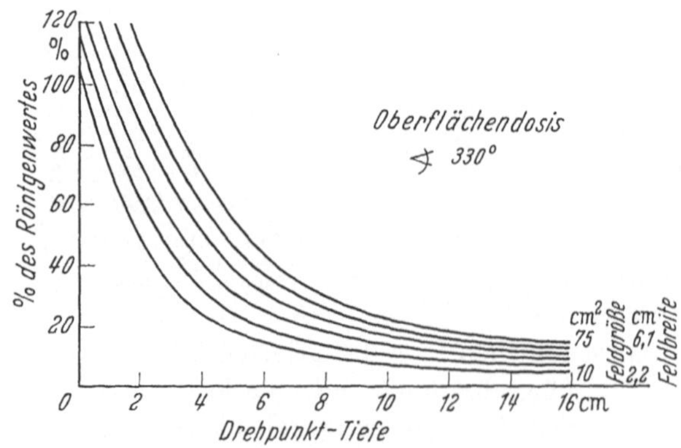

Abb. 77. Oberflächendosis bei Rot 330°

Werte. Wesentlich günstiger liegen die Verhältnisse bei großen Rotationswinkeln, wie z. B. bei 330° in Abb. 77. Bemerkenswert ist hier der steile Anstieg der Oberflächendosis bei kleinen Drehpunkttiefen (unter 6 cm). Dieses hat insofern eine praktische Bedeutung, als in diesem Bereich eine kleine, durch Einstellfehler bedingte Verminderung der Drehpunkttiefe zu einer unerwarteten Erhöhung der Oberflächendosis führen kann.

Anstatt die Oberflächendosis auf die Feldgröße in Quadratzentimetern (Feld 1:2) zu beziehen, kann hierfür auch die Feldbreite verwendet werden. In Abb. 78 ist die Beziehung der Oberflächendosis zur Feldgröße in Quadratzentimetern (Feld 1:2) sowie zur Feldbreite und Feldlänge graphisch dargestellt. Eine eindeutige Beziehung zwischen Oberflächendosis und dem Feld besteht also nicht, da bei gleichbleibender Feldbreite ein Anstieg mit der Feldlänge durch Vergrößerung des Streustrahlenanteils erfolgt. Es ist daher eine Frage der Zweckmäßigkeit, ob man auf die Feldgröße (Feld 1:2) oder auf die Feldbreite Bezug nimmt.

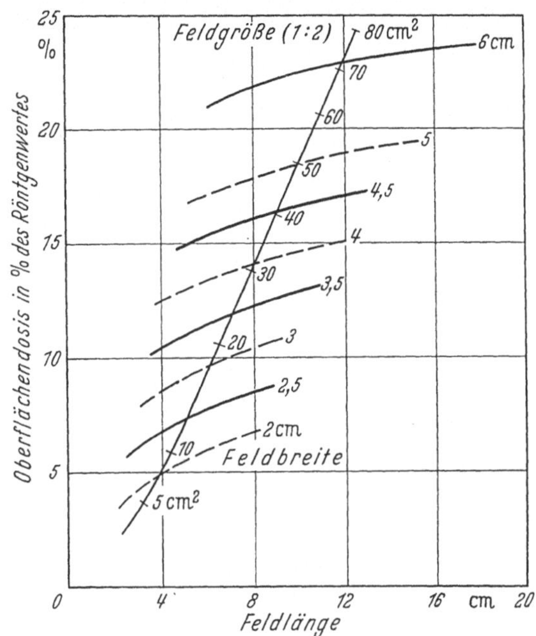

Abb. 78. Abhängigkeit der Oberflächendosis von den Feldabmessungen

III. Herddosis und Achsendosis
(Dosis im Drehpunkt) bei Rotation

Unter der Herddosis ist die höchste Dosis im Bereich des Dosismaximums und damit nach den Ausführungen unter D, I, 1 im Bereich des Krankheitsherdes zu verstehen. Die Dosis an der Rotationsachse bzw. im Drehpunkt ist nur bei 360° mit der Herddosis gleich, sonst immer geringer.

1. Beziehung zwischen Herddosis und der Dosis
an der Rotationsachse (Drehpunkt)

In Abb. 79 sind in einem Zylinderphantom die Tiefendosiskurven für verschiedene Rotationswinkel bei gleichbleibender Drehpunkttiefe und Feldgröße dargestellt. Die Kurven liegen zwischen den beiden Grenzen, die durch die Tiefendosiskurven für den Rotationswinkel von 0° — also dem Stehfeld — und dem Rotationswinkel von 360° gegeben sind. Es gibt hier die Besonderheit, daß die Dosis an der Rotationsachse bzw. im Drehpunkt für alle Tiefendosiskurven gleich ist, denn der Zentralstrahl trifft in jeder Winkelstellung die Rotationsachse. Außerhalb der Rotationsachse bewirkt der Bewegungseffekt (Abb. 13) eine

Verminderung der Tiefendosis gegenüber der Stehfeld-Tiefendosiskurve sowie die Ausbildung eines Dosismaximums, dessen höchster Wert, also die Herddosis, ebenfalls unterhalb des für die gleiche Tiefe geltenden Wertes des Stehfeldes liegt. Verbindet man die Maximalwerte der Tiefendosiskurven für die verschiedenen Rotationswinkel, wie es in Abb. 79 durch die gestrichelte Kurve angedeutet ist, so zeigt sich, daß der jeweilige Maximalwert mit großer Näherung auf der Mitte zwischen der Dosis an der Rotationsachse und derjenigen Dosis des Stehfeldes liegt, die in der gleichen Tiefe des Maximalwertes anzutreffen wäre. Diese einfache Beziehung gilt in dem für die Bewegungsbestrahlung interessanten Rotationswinkelbereich. Bei einem Rotationswinkel von 60° macht sich bei den gewählten Bedingungen die unter D, I, 2 erläuterte Unstetigkeit der Lage des Dosismaximums bemerkbar. Beim Übergang zur Pendelkonvergenz rückt jedoch auch hier das Dosismaximum in die gesetzmäßig zu erwartende Lage.

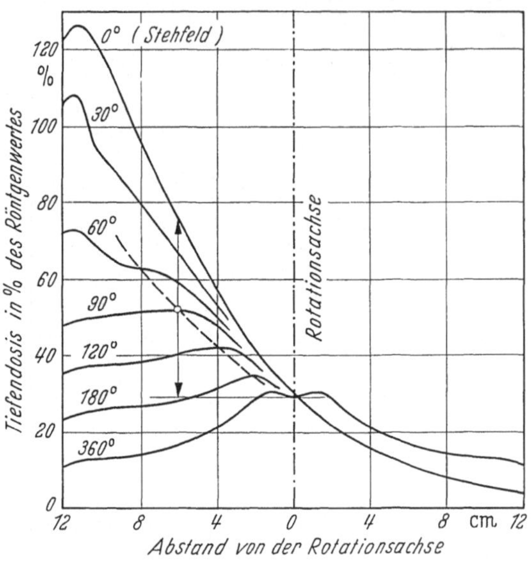

Abb. 79. Beziehung zwischen Herddosis und Dosis an der Rotationsachse bei Rotation im Zylinder-Phantom

2. Einfluß unterschiedlicher Abstände des Herdes von der Oberfläche im Bestrahlungswinkelbereich auf die Herddosis

Ein gleichbleibender Oberflächen-Herd-Abstand ist nur bei Achsenlage des Herdes im Zylinder anzutreffen. Dieser Sonderfall ist zwar physikalisch interessant, hat aber für die Praxis keine Bedeutung. Vielmehr werden im Bestrahlungswinkelbereich immer unterschiedliche Abstände des Herdes von der Oberfläche auftreten. In welchem Maße dieses der Fall ist, läßt sich in einfacher Weise durch das sog. Herd-Abstands-Verhältnis (HAV) charakterisieren. Hierunter ist das Verhältnis zwischen längstem Herdabstand und kürzestem Herdabstand (Herdtiefe) zu verstehen. Hat z. B. der längste Herdabstand den doppelten Wert vom kürzesten Herdabstand, so ist das Herdabstandsverhältnis 2:1 oder in vereinfachter Schreibweise ausgedrückt HAV 2. Die in einem solchen von der Kreisform abweichenden Körper eingestrahlte Herddosis läßt sich am einfachsten durch das arithmetische Mittel der über den kürzesten und den längsten Herdabstand den Herd treffenden Herddosisleistungen festlegen. Sie stellt die einfachste Methode der Herddosisermittlung dar, wie unter E, I näher ausgeführt ist. Abb. 80 zeigt an einem ovalen Körperquerschnitt die Vergrößerung des Herdabstandsverhältnisses mit zunehmender Größe des Rotationswinkels. Bis zu Rot. 90° hat der Körperquerschnitt praktisch eine Kreisform; HAV ist also 1. Bei Rot. 180° wird das HAV bereits 1,25, um bei Rot. 240° ein HAV von 2 zu überschreiten. Ein größeres

Herdabstandsverhältnis ist tunlichst zu vermeiden, da der Zuwachs der Herddosis auf dem langen Wege durch den Körper nur gering ist, jedoch viel gesundes Gewebe belastet wird.

Diese Verhältnisse sollen mit Abb. 81 für einen Körperquerschnitt näher erläutert werden, dessen kürzester Herdabstand, also die Herdtiefe, zu 8 cm und dessen längster Herdabstand zu 16 cm, HAV damit zu 2, angenommen ist. Unter a) ist die Tiefendosiskurve in % des Röntgenwertes dargestellt. Die starke Verminderung der Dosisleistung von 48% auf 12% durch die Abstandsvergrößerung von 8 cm auf 16 cm kommt deutlich zum Ausdruck. Unter b) ist die Verminderung der mittleren Herddosisleistung mit wachsendem Herdabstandsverhältnis gezeigt. Für HAV 2 ergibt sich eine mittlere Herddosisleistung, die, auf die Tiefendosiskurve a) übertragen, einem Herdabstand von 11 cm entsprechen würde und nicht etwa 12 cm, das arith-

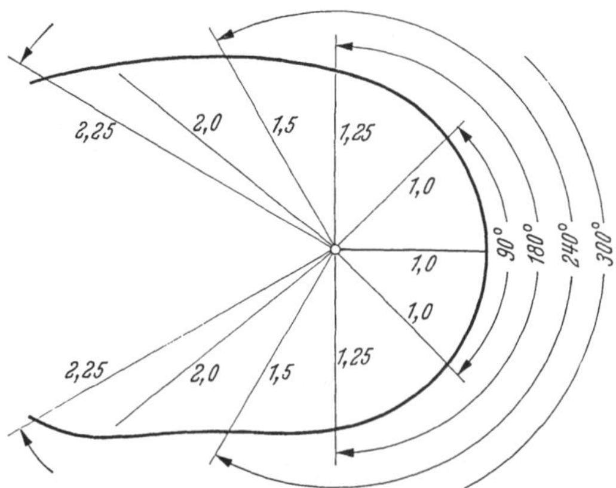

Abb. 80. Änderung des Herdabstandsverhältnisses mit dem Rotationswinkel im Oval-Phantom

metische Mittel der Herdabstände. Die Ursache hierfür ist die Nichtlinearität der Tiefendosiskurve, die bei der Herddosisbestimmung mit Hilfe des Herdabstandsverhältnisses in einfacher Weise berücksichtigt wird. Gehört zu der oben angenommenen Herdtiefe von 8 cm bei gleichem Rotationswinkel von 240° ein anderer längster Herdabstand, z. B. 12 cm, so ist unter b) für das entsprechende HAV 1,5 unmittelbar die mittlere Herddosisleistung abzulesen.

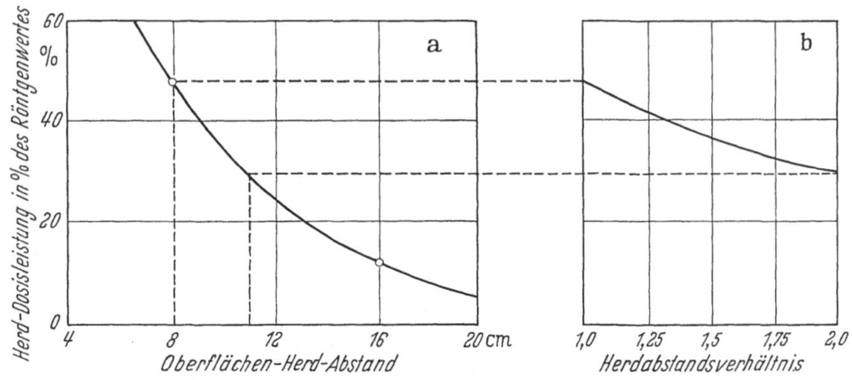

Abb. 81. Abhängigkeit der Herddosis vom Herdabstandsverhältnis

3. Abhängigkeit der Herddosis vom Rotationswinkel und von den Feldabmessungen

Soll der unter 2) besprochene Herd in 8 cm Tiefe über einen anderen Rotationswinkel als 240° bestrahlt werden, so tritt ein Einfluß auf die Herddosis ein, der an einem kreisförmigen Querschnitt (HAV 1) erläutert werden soll. Da nach D, I, 2) eine Verkleinerung des Rotationswinkels bei gleichbleibender Drehpunkttiefe

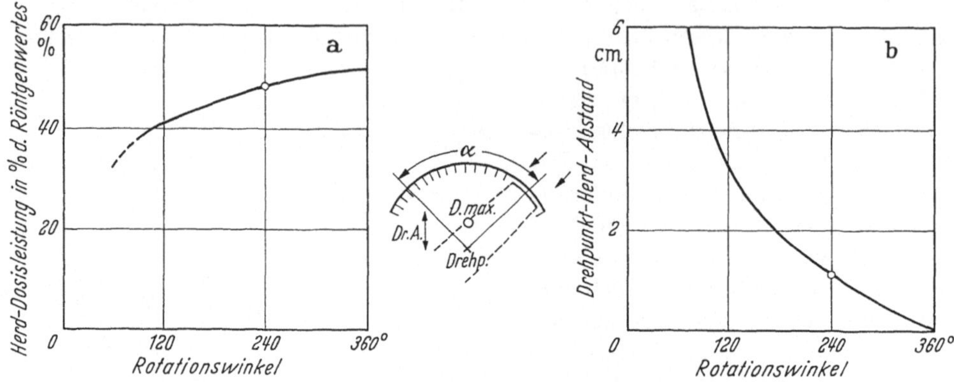

Abb. 82. Abhängigkeit der Herddosis vom Rotationswinkel

mit einer Wanderung des Dosismaximums zur Oberfläche verbunden ist, muß zur Konstanthaltung der Lage des Dosismaximums in 8 cm Tiefe eine dem ver-

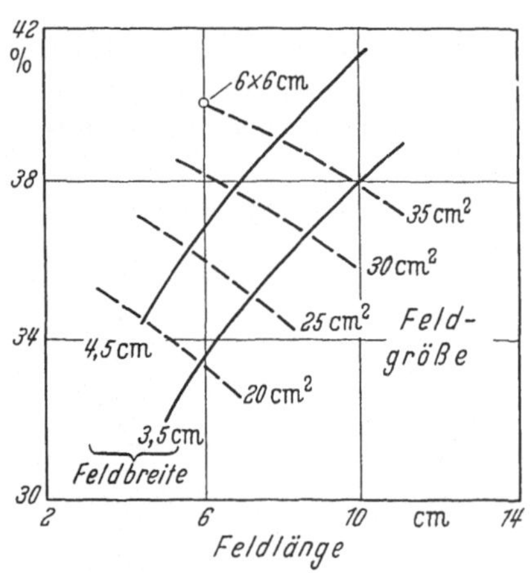

Abb. 83. Einfluß der Feldabmessungen auf die Herddosis

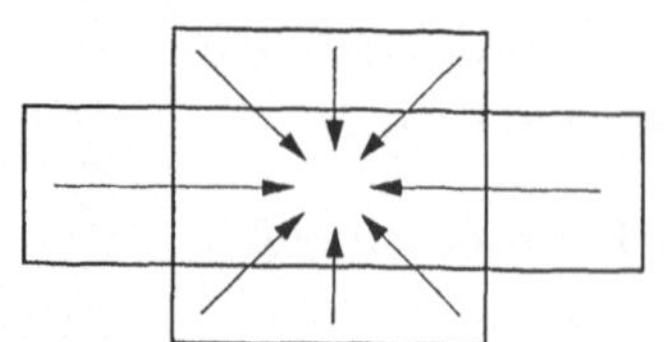

Abb. 84. Weglänge der Streustrahlen in einem quadratischen und einem rechteckigen, langen Feld

kleinerten Rotationswinkel entsprechende Vergrößerung des Drehpunkt-Herd-Abstandes erfolgen. Mit Vergrößerung des Abstandes vom Drehpunkt wird aber das Dosismaximum selbst von einem immer größeren Bewegungsmoment (Abb. 13) erfaßt und dadurch in seinem absoluten Wert vermindert.

In Abb. 82 ist dieser Vorgang schematisch dargestellt sowie unter a) die Verminderung der Herddosis bei der unter b) gezeigten notwendigen Vergrößerung des Drehpunkt-Herd-Abstandes mit Verkleinerung des Rotationswinkels.

Im Gegensatz zur Oberflächendosis zeigt die Herddosis eine etwa gleich große Abhängigkeit von der Feldlänge, wie auch von der Feldbreite, d. h. sie ist — wie bei der Stehfeldbestrahlung — ganz vorwiegend von der Feldgröße abhängig. Aus Abb. 83 ist jedoch zu ersehen, daß bei gleicher Feldgröße in Quadratzentimetern die Herddosis mit zunehmender Feldlänge abnimmt. Dieses hat nach der schematischen Abb. 84 seine Ursache in der Verlängerung des Weges der Streustrahlen aus den Feldenden zur Feldmitte mit Zunehmen der Feldlänge.

IV. Herd- und Oberflächendosis
bei Schrägrotation und Pendelkonvergenz

Die unter 2.) und 3.) erörterten Bedingungen bei der Rotation gehen von einem senkrecht zur Rotationsachse in der Rotationsebene verlaufenden Röntgen-Zentralstrahl aus. Diese Voraussetzung ist für die Schrägrotation und die Pendelkonvergenz nicht mehr gegeben. Durch geeignete technische Maßnahmen erfolgt eine schräge Einstrahlung unter einem bestimmten Winkel (Translationswinkel) zur Rotationsebene, der für die Schrägrotation während der Bestrahlung eine konstante, für die Pendelkonvergenz eine veränderliche Größe ist.

1. Geometrie der Schrägeinstrahlung

In Abb. 85 ist die Schrägeinstrahlung unter verschiedenen Bedingungen dargestellt. Bei diesem Vorgang ist der Weg des Fokus von grundsätzlicher Bedeutung, da hier zwei Möglichkeiten denkbar sind. Entweder geht man von dem unter C, I, 2 erwähnten optimalen Fokus-Drehachsen-Abstand aus und sorgt dafür, daß er bei jeder Translationswinkelstellung erhalten bleibt. Der Fokus-Drehpunkt (Konvergenzpunkt)-Abstand und damit der Fokus-Haut-Abstand wird dabei mit zunehmendem Translationswinkel bis zu etwa 10 cm größer (Abb. 85, links). Dieses ist insofern sinnvoll, als bei dem Normalfall — der Einstrahlung in eine Ebene — die größere Weglänge der Röntgenstrahlen im Körper mit dem größeren Fokus-Haut-Abstand gekoppelt ist. Die prozentuale Tiefendosis wird so erhöht.

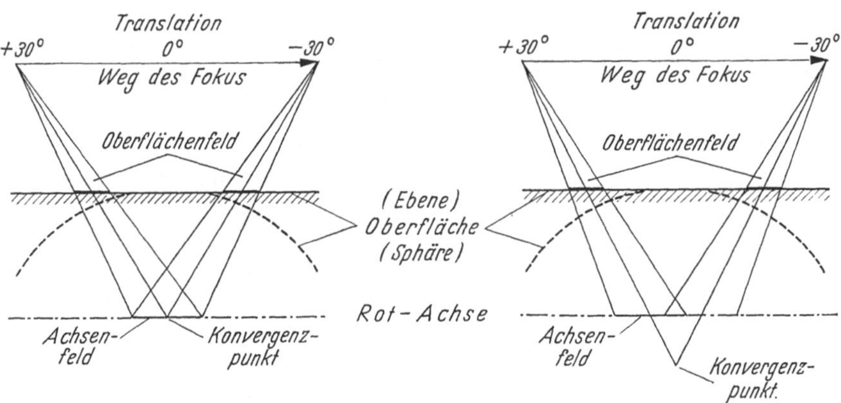

Abb. 85. Geometrie der Schrägeinstrahlung

Zum anderen läßt sich der Fokus auf einen Kreisbogen mit konstantem Fokus-Drehpunkt (Konvergenzpunkt)-Abstand führen. Da hierbei der Fokus-Drehachsen-Abstand mit zunehmender Schrägeinstrahlung kleiner wird, muß man zur Verhinderung der Kollision der Feldblende mit dem Patienten von einem größeren Fokus-Drehachsen-Abstand ausgehen. Gleichzeitig wird bei der Bogenführung des Fokus der Fokus-Haut-Abstand bei den größeren Weglängen der Röntgenstrahlen im Körper kleiner und damit die prozentuale Tiefendosis geringer.

2. Herd- und Oberflächendosis

Die in Abb. 85 dargestellte achsenparallele Führung des Fokus scheint so durchaus die zweckmäßigere zu sein. Durch Vergrößerung des Fokus-Abstandes bei der Schrägrotation werden sowohl die Oberflächendosis- als auch die Herddosisleistung vermindert. Unterschiede ergeben sich je nach Art der Oberflächenform, führen aber nur bei der Herddosis in größeren Tiefen zu bemerkenswerten Größen. Die für einen gegebenen Fall mit Rotation erzielte relative Tiefendosis wird daher bei der Schrägrotation nur geringfügig vermindert.

Für die axiale Pendelkonvergenz nach Abb. 85 (links) stellt die Herddosis einen Mittelwert der aus allen Translationswinkelrichtungen zwischen 0° und 30° auftretenden Herddosisleistungswerten dar und ist damit ebenfalls etwas geringer als bei der Rotation. Wesentlich geringer aber wird die Oberflächendosis durch das zusätzlich in Translationsrichtung wandernde Oberflächenfeld. Die für einen gegebenen Fall mit Rotation erzielte relative Tiefendosis wird daher bei der Pendelkonvergenz wesentlich vergrößert. Voraussetzung ist jedoch, daß die Drehpunkttiefe mindestens $^2/_3$ der Feldlänge beträgt, was jedoch in den meisten Fällen erfüllt ist. Diese Einschränkung wird durch die transaxiale Pendelkonvergenz (Abb. 85, rechts) ausgeschaltet.

Bei der transaxialen Pendelkonvergenz ist die Oberflächendosis durch den vergrößerten Konvergenzeffekt noch weiter vermindert, während die Herddosis fast unverändert bleibt, solange die Feldlänge mindestens gleich dem transaxialen Abstand ist. Wird die Feldlänge kleiner, so tritt durch die Wanderung des Feldes in Richtung der Rotationsachse auch eine Verminderung der Herddosis ein. Dasselbe gilt für den Fall, daß mit zwei Feldern durch eine Doppelfeld-Feldblende gleichzeitig bestrahlt wird. Hierbei wird die Oberflächendosis durch die Summe der Feldlänge beider Felder bestimmt, während für die Herddosis die Größe des Einzelfeldes maßgeblich ist.

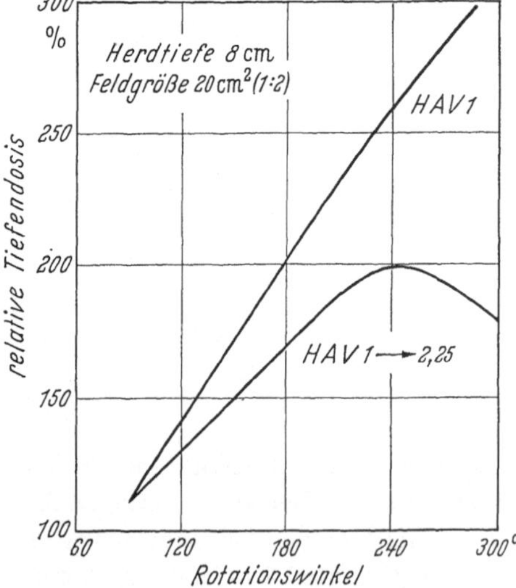

Abb. 86. Einfluß des Herdabstandsverhältnisses auf die relative Tiefendosis

V. Abhängigkeit der relativen Tiefendosis von den Bestrahlungsbedingungen

Wie bereits eingangs ausgeführt, wird mit der Bewegungsbestrahlung angestrebt, die relative Tiefendosis (rTD) so weit zu erhöhen, daß trotz der erwünschten hohen Tumordosis eine Beeinträchtigung der Haut nicht erfolgt.

Somit steht die Abhängigkeit der rTD vom Rotationswinkel an erster Stelle. Die bekannte Vorstellung, daß die rTD mit Vergrößerung des Rotationswinkels ansteigt, gilt vorwiegend nur für einen kreisförmigen Querschnitt, also HAV 1. Für einen ovalen Querschnitt, z. B. nach Abb. 80, bei dem sich das Herdabstandsverhältnis mit zunehmendem Winkel vergrößert, ist die Erhöhung geringer und kann oberhalb von Rot. 180° konstant oder sogar wieder kleiner werden. In Abb. 86 sind diese Verhältnisse dargestellt. Für Rot. 90° (HAV 1) haben beide Kurven den gleichen Wert der rTD. Mit Vergrößerung des Rotationswinkels divergieren die Kurven stark. Oberhalb von Rot. 240° zeigt die Kurve für HAV 1 einen weiteren steilen Anstieg, während die andere Kurve mit Überschreiten eines HAV von 1,5 bereits wieder eine Verringerung der rTD aufweist.

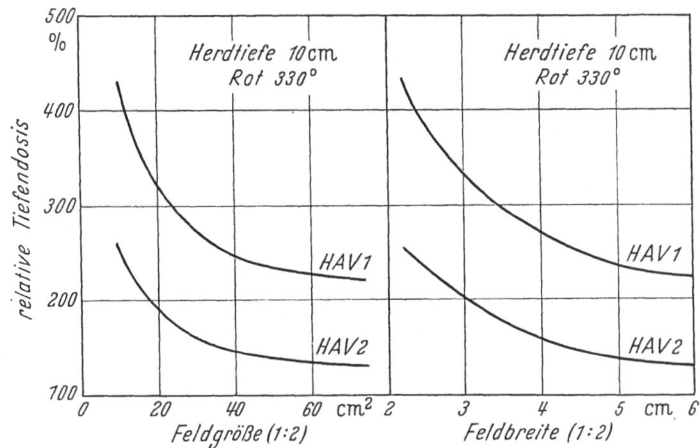

Abb. 87. Einfluß der Feldabmessungen auf die relative Tiefendosis

Mit zunehmender Feldgröße bzw. Feldbreite nimmt die rTD wegen der vergrößerten Oberflächendosis ebenfalls ab. Die Kurven in Abb. 87 zeigen, daß im Bereich der kleineren Felder eine stärkere Verminderung der rTD eintritt als im Bereich der größeren, bei der Bewegungsbestrahlung verwendeten Felder. Dieser Effekt beruht im wesentlichen auf dem in diesem Bereich der Feldgröße starken Anstieg der Streustrahlung.

Schließlich hat auch der Abstand des Herdes von der Oberfläche bzw. die Herdtiefe einen bedeutenden Einfluß auf die rTD. In Abb. 88 ist dieses für ein kleines, quadratisches Feld und ein größeres rechteckiges Feld für Rotation wie auch für Pendelkonvergenz dargestellt. Die rTD durchläuft hier ein Maximum, das für Rotation bei etwa 8—9 cm und für Pendelkonvergenz bei etwa 10—11 cm liegt. Abgesehen von der Tatsache, daß die Pendelkonvergenz eine größere rTD erzielt, ist

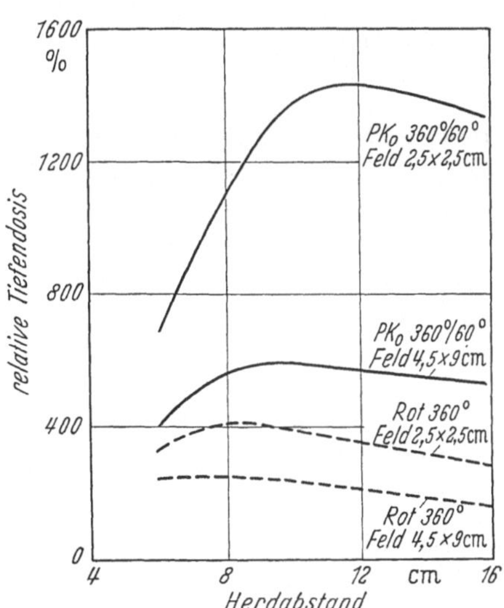

Abb. 88. Einfluß des Herdabstandes auf die relative Tiefendosis

sie — wie der prozentual geringere Abfall mit zunehmendem Herdabstand zeigt — für die Bestrahlung tiefliegender Herde besonders günstig.

VI. Erythemdosis und „maximale Herddosis"
bei der Bewegungsbestrahlung

Unter der „maximalen Herddosis" (max. HD) ist diejenige Herddosis zu verstehen, bei der auf der Haut — an der Stelle höchster Belastung — gerade die Erythemdosis erreicht wird.

Es ist bekannt, daß die Belastbarkeit der Haut mit Erhöhung der Fraktionierung und mit Verminderung der Feldgröße zunimmt. Dieses zeigt Abb. 89 für verschiedene Bedingungen der Stehfeldbestrahlung. Da man bei der Bewegungsbestrahlung meist mit kleinen Feldern arbeitet, wäre es vielleicht naheliegend, die in Abb. 89 für kleine Felder geltenden Kurven als maßgeblich anzusehen. Dieses ist aber insofern nicht der Fall, als sich durch den Bewegungsvorgang die Wirksamkeit der kleinen Feldabmessungen ausschließlich auf die Drehpunkt- bzw. Herdnähe beschränkt. An der Oberfläche dagegen wird ein breites, bandförmiges Feld der Haut belastet, wenngleich auch mit relativ geringer Tagesdosis. Hieraus folgt, daß nur eine Beziehung, wie sie in Abb. 89 mit der Kurve 1 für Tiefentherapie mit großen Feldern dargestellt ist, etwa den Bedingungen der Bewegungsbestrahlung entsprechen kann. Bei den in

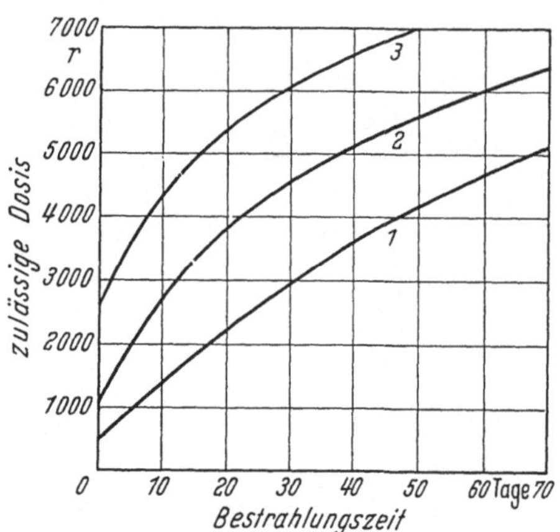

Abb. 89. Maximale Hautbelastung bei fraktionierter Bestrahlung (nach CHAOUL und WACHSMANN). 1. Tiefentherapie 200 kV; Feldgröße etwa 200 cm². 2. Tiefentherapie 200 kV; Feldgröße 20 cm². 3. Nahbestrahlung

dieser Abb. 89 angegebenen Daten der Hautbelastbarkeit handelt es sich um diejenige Dosis, die ein Erythem in einer meist stärkeren Form erzeugt, jedoch nur relativ geringe und — im Rahmen des Ganzen gesehen — vertretbare Dauerveränderungen hinterläßt. Dieser Dosiswert wird im allgemeinen als Hauttoleranzdosis bezeichnet.

Im Gegensatz zur Hauttoleranzdosis stellt die Erythemdosis einen Dosiswert dar, der — entsprechend niedriger — nur eine geringe temporäre Beeinträchtigung der Haut einschließt. In Abb. 90 sind zwei Kurven auf Grund verschiedener Erythemversuchsreihen wiedergegeben. Vergleicht man diese beiden

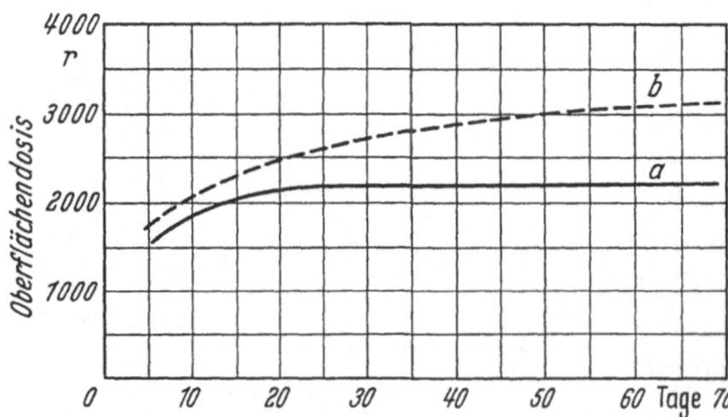

Abb. 90. Erythemdosis bei fraktionierter Bestrahlung: a) nach E. WITTE; b) nach M. STRANDQVIST

Erythemdosiskurven mit den Kurven der Hauttoleranzdosis in Abb. 89, so läßt sich als wesentlicher Unterschied die sehr viel geringere Abhängigkeit der Erythemdosis von der Fraktionierung erkennen. Der biologische Effekt, der es erlaubt, durch Fraktionierung die Hauttoleranzdosis hochzutreiben, kommt bei dieser Gegenüberstellung gut zum Ausdruck.

Geht man von den bei der Bewegungsbestrahlung üblichen Fraktionierungsbedingungen einer Herddosis von 200 r pro Tag, 1000 r pro Woche und von 4000—6000 r in 20—30 Bestrahlungstagen aus, so ergibt sich für die Erythemdosis aus der einen Kurve ein Wert von 2200 r und aus der anderen ein solcher von 2400—2700 r. Will man die Bewegungsbestrahlung in der ihr anhaftenden Vorstellung, daß sie eine Hautschädigung ausschließt, wirklich anwenden, so müßte man die Erythemdosis zur Basis der Dosierung machen und hierfür wohl den niedrigeren Wert von 2200 r zugrunde legen.

Je nach der Fragestellung lassen sich verschiedene Wege für die Anwendung dieser Dosierungsbasis aufzeigen. Ihnen allen gemeinsam ist der eingangs definierte neue Begriff der Herddosis, die sog. maximale Herddosis. Sie gibt den wichtigen Anhaltspunkt für die ohne Beeinträchtigung der Haut erzielbare Gesamtherddosis.

Die Beziehung zwischen Erythemdosis und „maximaler Herddosis" wird durch die relative Tiefendosis gekennzeichnet; denn sie stellt ganz allgemein die Beziehung zwischen Herddosis und Oberflächendosis her. Um im Einzelfall die „maximale Herddosis" zu bestimmen, ist daher lediglich die sich aus den Bestrahlungsbedingungen ergebende relative Tiefendosis mit einem Faktor — sinngemäß als „Erythemfaktor" zu bezeichnen — zu multiplizieren. Entsprechend der Erythemdosis von 2200 r ergibt sich der „Erythemfaktor" zu 22.

Es gilt dann zur Berechnung der „maximalen Herddosis" nachfolgende einfache Formel:

$$\text{Maximale Herddosis} = \text{relative Tiefendosis} \times \text{Erythemfaktor}$$
$$\text{max HD (r)} \quad = \quad \text{rTD (\%)} \quad \times \quad 22\ (\text{r}/\%)$$

Beträgt z. B. die rTD 100%, d. h. sind Herd- und Oberflächendosis (Erythemdosis) gleich groß, so ergibt sich erwartungsgemäß die „maximale Herddosis" zu 2200 r. Bei einer rTD von 200% sind es entsprechend 4400 r.

In Abb. 91 ist die sich ergebende Beziehung zwischen rTD und max. HD wiedergegeben. Diese graphische Darstellung erlaubt eine Anwendung in zweifacher Weise. Einmal läßt sich die bei den gegebenen Bestrahlungsbedingungen herrschende rTD ermitteln, z. B. 150%, und danach aus Abb. 91 die „maximale Herddosis" ablesen, und zwar zu 3300 r in diesem Falle.

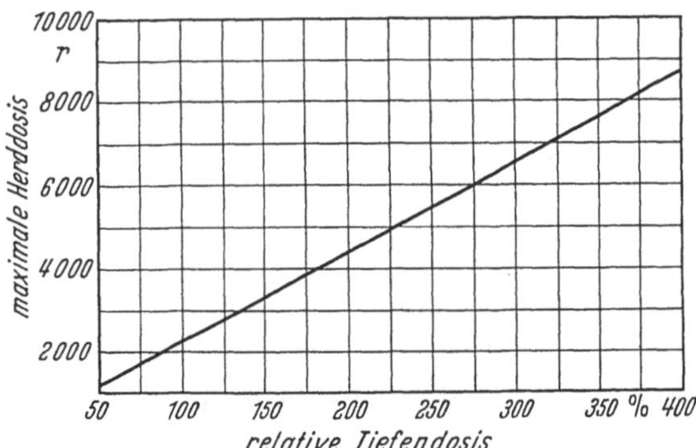

Abb. 91. Dosierungstafel zur Dosierung nach „maximaler Herddosis" mit Hilfe der relativen Tiefendosis bei fraktionierter Bewegungsbestrahlung

Zum anderen erlaubt die Darstellung Abb. 91, zu einer vorgegebenen Gesamtherddosis von z. B. 5000 r die unter den genannten Bedingungen erforderliche rTD zu etwa 230% zu bestimmen.

Aus der Gegenüberstellung der beiden Möglichkeiten ergibt sich, daß im ersteren Fall die Applikation einer Gesamtherddosis von 5000 r zu einem sehr starken Hauterythem führen würde. Es ist also von großer Wichtigkeit, vor

Beginn jeder Bestrahlung bei der Dosisermittlung auch die „maximale Herddosis" zu bestimmen, wie dieses in den „Typischen Beispielen zur Einstelltechnik und Dosisermittlung" gezeigt wird.

E. Dosisermittlung bei Bewegungsbestrahlung

Die Praxis hat erwiesen, daß die Dosisermittlung mit Hilfe von rechnerischen Verfahren bei routinemäßiger Handhabung der Bewegungsbestrahlung an erster Stelle steht. Die dosimetrische Messung an Patienten bleibt auf Sonderfälle beschränkt, sollte aber zur Kontrolle der Berechnung — insbesondere bei der Oberflächendosis — immer herangezogen werden. Die Messung an Standard-Phantomen ist ebenfalls ein nicht zu vernachlässigendes Hilfsmittel zur Kontrolle und zur Klärung der Dosisverteilung.

I. Grundlegendes zur Dosisermittlung durch rechnerische Verfahren

Es handelt sich hier um die auch bei der Stehfeldbestrahlung geübte Berechnung mit Hilfe von Dosistabellen. Bei beiden Bestrahlungsmethoden geht man von einer Messung frei in Luft als Basiswert aus. Als Meßort für diesen Basiswert wird ein Bezugspunkt gewählt, der während der Bestrahlung sowohl zum Fokus als auch zum bestrahlten Objekt in fester Beziehung bleibt. Für die Stehfeldbestrahlung wird ein durch die Länge des Bestrahlungstubus festgelegter, konstanter Abstand Fokus-Haut verwendet, während sich bei der Bewegungsbestrahlung für diesen Zweck der konstante Abstand Fokus-Drehpunkt anbietet. Aus guten, unter C, I, 2) erläuterten Gründen ergibt sich hierfür ein Wert von 50 cm und damit der Röntgenwert als Basiswert, gemessen frei in Luft im Drehpunkt. Auf dieser Grundlage wurden „Tabellen zur Dosierung bei Bewegungsbestrahlung" ausgearbeitet, die, 1953 herausgegeben, jetzt nach den seither in der Praxis damit gemachten Erfahrungen umgearbeitet im Teil II dieses Leitfadens erscheinen.

Im Vordergrund steht bei der Bewegungsbestrahlung die Bestimmung der Herddosis. Da der Wert der Herddosis in erster Näherung mit der Feldgröße, in Quadratzentimeter ausgedrückt, veränderlich ist [D, III, 3)] und das Verhältnis Feldbreite zur Feldlänge nur geringen Einfluß hat, wurden die Tabellen ursprünglich (1953) auf die Feldgröße in Quadratzentimeter bezogen. Die tabellenmäßige Übereinstimmung mit der zugehörigen Oberflächendosis, die stark mit der Feldbreite variiert [D, II, 2)], wird dann durch Festlegung des Verhältnisses von Feldbreite zur Feldlänge 1:2 hergestellt. Unter Verwendung von Korrekturfaktoren lassen sich so die Dosiswerte für jede beliebige Feldabmessung bestimmen. Dieses war insofern notwendig, als Erfahrungen über die zweckmäßig zu wählenden Feldabmessungen kaum vorlagen und diese sich auch nur auf das Oberflächenfeld bezogen. Als geringste Oberflächenfeldbreite waren 2 cm verwendet worden. Bedingt durch die Verbreiterung des Strahlenkegels mit der Tiefe entspricht dieses einer Herdfeldbreite (Achsenfeldbreite) in etwa 10 cm Tiefe von 2,5 cm, die allein schon wegen des bei kleinen Feldbreiten prozentual großen Anteils des Halbschattens [D, II, 1)] nicht unterschritten werden sollte. Geht man von diesem Grundwert der Feldbreite aus und läßt sie jeweils um $^1/_3$ wachsen, so ergeben sich abgerundet die Werte 3,5 cm, 4,5 cm, 6 cm, 8 cm und 10,5 cm. Achsenfeldbreiten über 6 cm haben sich für die Praxis als zu groß erwiesen, da die 80°-Isodose bereits das $1^1/_2$- bis 2fache der Feldbreite beträgt. Unter Berücksichtigung der Feldabmessungen 1:2 ergibt sich als kleinste Feldlänge 5 cm. Abstufungen der Feldlänge von 2 cm zu 2 cm haben sich als ausreichend gezeigt und führen damit zu den Feldlängen 5 cm, 7 cm, 9 cm, 11 cm und 13 cm. Größere Feldlängen ergeben ohne gleichzeitige Verbreiterung des Feldes eine ungünstigere Dosisverteilung und werden daher besser durch das Aneinanderreihen zweier Felder ersetzt. Für die Pendelkonvergenz sind bei kleinen Rotationswinkeln noch quadratische Felder von $2,5 \times 2,5$ cm^2 bis 6×6 cm^2 interessant. Feinere Unterteilungen, z. B. durch eine verstellbare Feldausblendung, sind erwartungsgemäß wie auch nach den gemachten Erfahrungen unzweckmäßig. Es bildet sich nach dem obigen ein wohldefinierter Satz fester Feldblenden heraus, auf den es dann sinnvoll ist, die Dosisunterlagen unmittelbar zu beziehen, wie es bei der Neubearbeitung der Dosistabellen geschehen ist.

Von besonderer Bedeutung ist bei der Herddosisermittlung die Berücksichtigung des mit der Bewegung des Strahlenkegels wechselnden Abstandes des Herdes von der Oberfläche. Dieses läßt sich näherungsweise durch eine Mittelwert-Ermittlung bewerkstelligen. In den Dosistabellen werden die Unterlagen für drei Näherungsverfahren gegeben, die sich in der Genauigkeit des Ergebnisses und insbesondere im Arbeitsaufwand unterscheiden: Es sind dieses erstens die beiden Verfahren, die in einzelnen Winkelabschnitten von $10°-20°$ entweder durch Summation der Herdabstände im Bestrahlungswinkelbereich den „mittleren Herdabstand" oder durch Summation der aus den einzelnen Winkelabschnitten auf den Herd einfallenden Dosisleistungen die „mittlere Herddosisleistung" bestimmen, was im Prinzip der Handhabung bei der Mehrfelder-Stehfeldbestrahlung entspricht. Neben diesen beiden Verfahren der Mittelwertbildung wurde zur Vereinfachung der Dosisermittlung ein drittes Verfahren mit Hilfe des sog. Herdabstandsverhältnisses ausgearbeitet, bei dem die Herddosis als Mittelwert aus den in Richtung des kürzesten und längsten Herdabstandes einfallenden Dosisleistungen bestimmt wird. Diese Ausdehnung der Dosistabellen auf mehrere Verfahren hat sich als notwendig erwiesen, weil die Anschauungen über die in der Röntgentherapie erforderliche Genauigkeit der Dosisbestimmung sowie über den hierfür aufzubringenden rechnerischen und damit zeitlichen Aufwand weit auseinandergehen. Es muß dem Strahlentherapeuten die Möglichkeit gegeben werden, sich die ihm geeignet erscheinende Näherungsmethode der Dosisbestimmung selbst auszuwählen und in ihrer Genauigkeit an praktischen Beispielen selbst abschätzen zu können, ohne auf das Urteil und die Auslegung Dritter angewiesen zu sein.

Als die rationellste Methode — bezüglich Arbeitsaufwand und Fehlergröße — hat sich diejenige unter Anwendung des „Herdabstandsverhältnisses" in der Praxis bewährt. Sie wird daher an erster Stelle behandelt und unter Verwendung der Dosistabellen erläutert. Die in den Tabellen angegebenen Dosiswerte stellen Verhältniszahlen zu der frei in Luft im Drehpunkt gemessenen Dosisleistung (Röntgenwert) dar. Sie können entweder als %-Wert oder als Faktor angegeben werden. Erhält z. B. der Herd im Mittel $1/_4$ des Röntgenwertes, so ergeben sich die beiden Schreibweisen:

%-Wert   Faktor
25   0,25

Beide Werte stellen die gleiche Aussage dar. Da bei großen Zahlenreihen die Übersichtlichkeit durch das Voransetzen des 0, . . . leidet, ist bei den Dosistabellen die Schreibweise des %-Wertes gewählt worden. Beim Rechnen mit dem Rechenschieber sind sowieso nur diese Zahlen interessant, während bei Darstellung des Rechenganges als Formel lediglich das 0, . . . vor den Tabellenwert gesetzt zu werden braucht. Bei allen Korrekturfaktoren wurde jedoch in den Dosistabellen zur Kennzeichnung die Schreibweise des Faktors verwendet.

II. Dosisberechnung bei Rotationsbestrahlung mit Hilfe des Herdabstandsverhältnisses

Die Berechnung geht vom Herd aus, der in einem maßstabsgerecht gezeichneten Körperquerschnitt eingezeichnet wird. Der im gewählten Bestrahlungs-Winkelbereich kürzeste Herdabstand, also die Herdtiefe, wird allen Berechnungen zugrunde gelegt. Aus dieser Richtung erfolgt der höchste Dosiszufluß zum Herd, während er aus allen anderen Richtungen — entsprechend dem größeren Abstand des Herdes von der Oberfläche — geringer ist. Die hieraus resultierende Verminderung der Herddosis gegenüber einem kreisförmigen Querschnitt mit allseitig gleichen Herdabständen wird durch Berechnung des Herdabstandsverhältnisses (HAV) berücksichtigt. Hierunter ist das Verhältnis zwischen dem längsten und dem kürzesten Herdabstand (Herdtiefe) zu verstehen bzw. der Einfachheit halber der Wert, um den der längste Herdabstand größer ist als die Herdtiefe. Beim kreisförmigen Querschnitt wäre das Verhältnis 1:1 (HAV 1,0). Ist der längste Herdabstand doppelt so groß wie die Herdtiefe, so wäre das Verhältnis 2:1 (HAV 2,0). Unter Voraussetzung der am Körper fast immer mit großer Näherung erfüllten Bedingung, daß der Übergang vom kürzesten zum längsten Herdabstand dem Übergang von der kurzen zur langen Halbachse einer Ellipse mit gleichem Halbachsenverhältnis entspricht, lassen sich die im Einzelfall notwendigen Mittelwertsermittlungen für alle Fälle des Herdabstandsverhältnisses zwischen 1,0 und 2,0 vorwegnehmen und die Rechenergebnisse tabellarisch anordnen.

1. Tabellarische und rechnerische Handhabung

Die Vorausberechnung und tabellarische Anordnung nach dem Herdabstandsverhältnis (HAV) erlaubt es, für gegebene Werte des Rotationswinkels und der Feldgröße alle benötigten Daten für die Dosisberechnung in einer Tabelle zusammenzufassen. Diese Daten sind: Herdtiefe (HT), Drehpunkttiefe (DrT), Drehpunkt-Herd-Abstand (DrA), Herddosis (HD) und Oberflächendosis (OD). Tab. 1 und 3 zeigen auszugsweise die Möglichkeiten der Anordnung solcher Dosistabellen. In Tab. 1 ist für den Rotationswinkel 240° (Rot 240°) die Veränderlichkeit der genannten Daten mit der Feldgröße in cm² dargestellt.Für eine bestimmte Feldabmessung, z. B. 6 × 6 cm = 36 cm², muß nun zwischen den Feldgrößen 30 cm² und 40 cm² interpoliert werden, und unter Berücksichtigung der von der Feldabmessung 1:2 abweichenden quadratischen Form (Feld 1:1) sind Herddosis und Oberflächendosis zu korrigieren (Tab. 2).

Erhebt man die Feldgröße 6 × 6 cm zu einer Standard-Feldgröße, so vereinfacht sich das Verfahren durch die in Tab. 3 gezeigte Darstellungsweise der Dosistabelle. Hier läßt sich unter Rot 240° ohne die obige Interpolation und Korrektur die Herddosis und die Oberflächendosis unmittelbar ablesen, was natürlich eine wesentliche Vereinfachung der Anwendung bedeutet.

Tabelle 1. *Dosistabelle* (Auszug). 240° Rotation

HT	DrT	DrA	HD in % des Röntgenwertes					OD	FGr
cm	cm	cm	HAV 1,0	1,25	1,5	1,75	2,0	%	cm²
4	5	1	86	80	74	70	66	35	30
6	7	1	64	58	52	47	43	25	
8	9	1	48	42	37	33	30	20	
10	11	1	34	28	24	21	19	16	
12	13	1	25	20	16	14	13	13	
14	15	1	17	13	11	10		10	
16	17,5	1,5	12	8				8	
4	5,5	1,5	89	82	76	71	67	40	40
6	7,5	1,5	67	60	54	49	45	30	
8	9,5	1,5	49	42	36	33	30	22	
10	11,5	1,5	36	30	25	22	20	17	
12	13,5	1,5	26	21	17	15	14	14	
14	15,5	1,5	19	14	12			12	
16	18	2	13					10	

Tabelle 2. *Korrektur der Dosistabellen-Werte*
bei verschiedenem Verhältnis von Feldbreite zur Feldlänge

FBr:FL . . .	1:1	1:1,25	1:1,5	1:2	1:3	1:4
Korr. Fakt. OD	1,3	1,2	1,1	1,0	0,9	0,8
Korr. Fakt. HD	1,05	1,05	1,0	1,0	0,95	0,95

Tabelle 3. *Dosistabelle* (Auszug). FGr 6 × 6 cm. Rotation

HT	DrT	DrA	HD in % des Röntgenwertes					OD	∢
cm	cm	cm	HAV 1,0	1,25	1,5	1,75	2,0	%	
4	5,5	1,5			76	71	67	55	240°
6	7,5	1,5		60	54	49	45	38	
8	9,5	1,5	49	42	36	33	30	28	
10	11,5	1,5	36	30	25	22	20	22	
12	13,5	1,5	26	21	17	15	14	17	
14	15,5	1,5	19	14	12			14	
16	18	2	13					10	
6	6,5	0,5		63	57	52	48	37	300°
8	8,5	0,5	52	45	38	35	32	28	
10	10,5	0,5	38	32	27	24	22	22	
12	12,5	0,5	28	23	19	17	15	18	
14	14,5	0,5	20	15	13	11		15	
16	16,5	0,5	14	10	9			12	

Die Werte für die Oberflächendosis beziehen sich auf die neben der Herdtiefe angegebene Drehpunkttiefe und stellen den Höchstwert innerhalb des Bestrahlungs-Winkelbereiches dar, der etwa an der Stelle des kürzesten Abstandes des

Herdes bzw. Drehpunktes von der Oberfläche, also im Bereich der Herdtiefe, bzw. Drehpunkttiefe auftritt [D, II, 2)].

Der Dosistabelle kann ferner der Drehpunkt-Herd-Abstand (DrA) entnommen werden, welcher der Herdtiefe bei den gewählten Bestrahlungsbedingungen zugeordnet ist. Dieser ist für die Anlage des Bestrahlungsplanes und die Einstellung am Patienten erforderlich, spielt aber für die Dosisberechnung insofern keine Rolle, als die Auswirkung dieser Größe auf die Herddosis bereits bei der Berechnung der Tabellen berücksichtigt worden ist. Es soll dieses heißen, daß die Tabellenwerte erst dann repräsentativ sind, wenn der zugeordnete Drehpunkt-Herd-Abstand am Patienten richtig eingestellt ist.

Berechnungsbeispiel für die Rotationsbestrahlung

Bestrahlungsbedingungen: Rot 240°, Feldgr. 6 × 6 cm (36 cm²)
    Herdtiefe (HT) 10 cm; längster Herdabstand 15 cm; HAV 1,5
    Drehpunkt-Herd-Abstand (DrA) 1,5 cm, Drehpunkttiefe (DrT) 11,5 cm

    Dosisberechnung nach Tab. 1 und 2
    Herddosisleistung (HD) 24,5% × Faktor (Feld 1:1) 1,05 = 25,7%
    Oberflächendosisleistung (OD) 17 × Faktor (Feld 1:1) 1,3 = 22,1%

    Dosisberechnung nach Tab. 3
    Herddosisleistung (HD) 25%
    Oberflächendosisleistung (OD) 22%

Beim Röntgenwert von 100 r/min stellen die %-Werte unmittelbar die Dosisleistung in r/min dar. Bei einem Röntgenwert von z. B. 70 r/min erfolgt eine Umrechnung, wobei man sich der Schreibweise mit Faktoren bedient.

    Herddosisleistung 70 r/min × 0,25 = 17,5 r/min
    Oberflächendosisleistung 70 r/min × 0,22 = 15,4 r/min ~ 15,5 r/min
    Bestrahlungszeit für 200 r Herddosis 200 r × 17,5 r/min = 11,4 min

Da sich die Bestrahlungszeit bei der Berechnung grundsätzlich in Minuten und Zehntelminuten, und nicht in Minuten und Sekunden ergibt, werden zweckmäßig Bestrahlungsuhren mit Dezimalteilung verwendet, um die unnötige Umrechnung in Sekunden zu vermeiden, die sich für die 0,4 min sonst zu 60″ × 0,4 = 24″ ergeben würden.

2. Geometrische Darstellung des HAV-Verfahrens

Die Anwendung und leichte Kontrolle dieses einfachen Verfahrens mit Zirkel, Lineal und Winkelmesser soll an einigen Beispielen geometrisch erläutert werden.

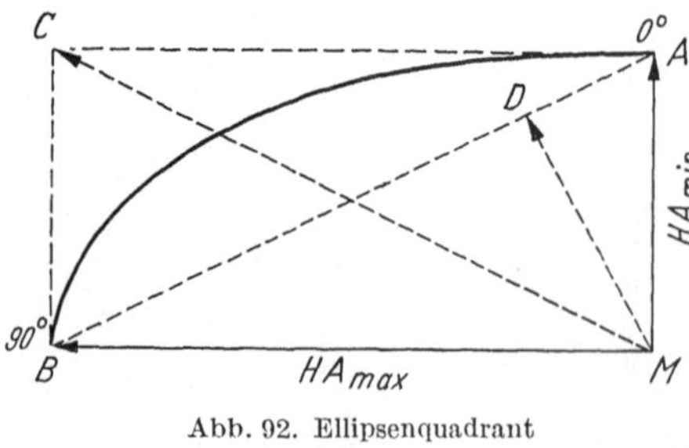

Abb. 92. Ellipsenquadrant

Völlig exakt ist dieses Verfahren nur, wenn der Übergang vom kürzesten bis zum längsten Herdabstand im Patientenquerschnitt dem Kurvenverlauf einer Ellipse zwischen den Punkten A und B in Abb. 92 entspricht. Es lassen sich hier zwei Extreme denken. Einmal die kürzeste Verbindung zwischen A und B, so daß über die Hypotenuse eines Dreiecks eingestrahlt würde. Zum anderen die rechtwinklige Verbindung zwischen A und B über C, die eine Einstrahlung über die Ecke eines Vierecks darstellt. Zwischen diesen beiden Grenzen dürfte sich in jedem

Falle der Umriß des Körperquerschnitts bewegen. Auf den ersten Blick scheinen danach größere Abweichungen von der theoretisch im Mittelpunkt M erwarteten eingestrahlten Dosis unumgänglich zu sein; denn im Falle des Vierecks muß eine im Mittel dickere Schicht und im Falle des Dreiecks eine im Mittel dünnere Schicht gegenüber der Ellipse durchstrahlt werden. Diese Abweichung gegenüber der Rechnung kann aber nur dann auftreten, wenn das Herdabstandsverhältnis unverändert bleibt. Die Abb. 92 zeigt aber, daß im Falle des Vierecks der längste Herdabstand (HA$_{max}$) nicht mehr in Richtung MB, sondern — verlängert — in Richtung der Diagonale MC verläuft. Ebenso hat sich im Falle des Dreiecks der kürzeste Herdabstand (HA$_{min}$) — verkürzt — in Richtung MD verlagert. Es erfolgt also gewissermaßen eine automatische Anpassung des Herdabstandsverhältnisses an die veränderten Querschnittsbedingungen. So ist es unmöglich, daß der Fehler eine bestimmte Größe — etwa 10% — überschreiten kann.

In Abb. 93 sind die im Ellipsenquadranten von 0°—90° erfolgende Änderung des Abstandes vom Mittelpunkt zur Oberfläche sowie die aus den einzelnen Winkelabschnitten den Mittelpunkt erreichenden Dosisleistungswerte graphisch dargestellt. Unter Wahrung des Herdabstandsverhältnisses läßt sich dieser Winkelbereich von 90° auf andere, am Oberrand der Darstellung angegebene Winkelbereiche transponieren. Es entstehen so Figuren (Abb. 94 u. 95), die bei gleichem Herdabstandsverhältnis und damit gleicher mittlerer Dosisleistung im Punkt M von sehr unterschiedlicher Größe sind. Das Auge wäre unbedingt geneigt, dem der Fläche nach größeren Querschnitt eine geringere mittlere Dosisleistung im Punkt M zuzuordnen. Man kann den großen Querschnitt von 180° sogar spiegelbildlich auf 360° verdoppeln, ohne daß die mittlere Dosisleistung — über den gesamten Winkelbereich eingestrahlt — eine Änderung erfährt.

Die am Körper vorkommenden Konturen entsprechen natürlich nicht in jedem Winkelabschnitt genau denen einer Ellipse. Da es sich am Körper in jedem Falle um in sich zurückverlaufende Umrisse handelt, gleichen sich die

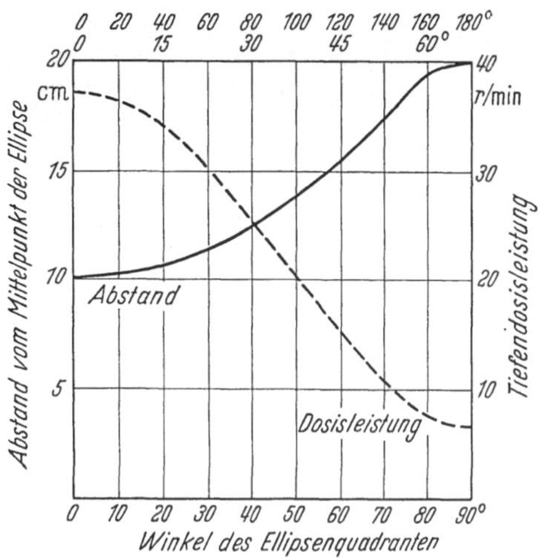

Abb. 93. Änderung der Tiefendosis mit dem Herd-(M)-Abstand bei Bestrahlung über den Ellipsenquadranten (Abb. 92)

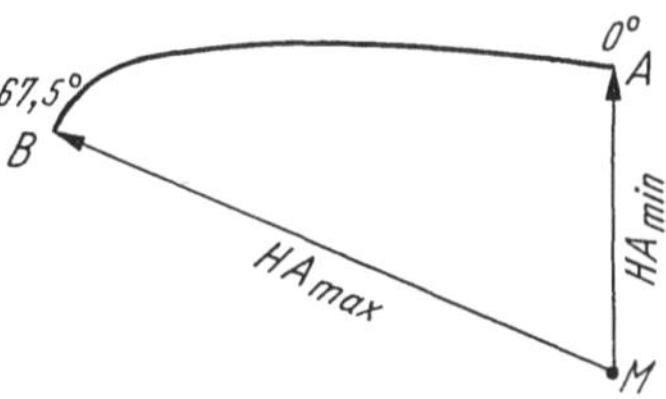

Abb. 94. Ellipsenquadrant auf 67,5° transponiert (nach Abb. 93)

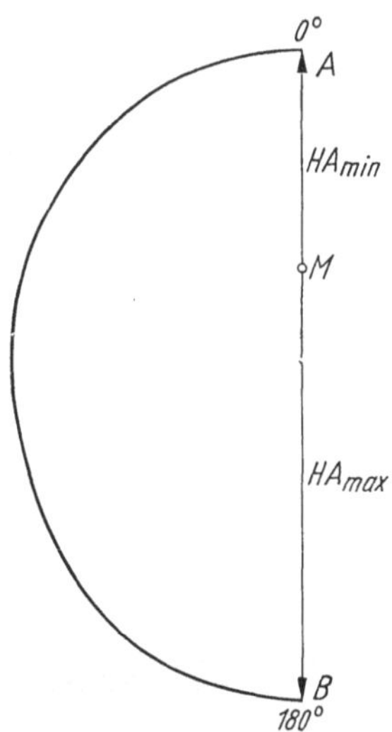

Abb. 95. Ellipsenquadrant auf 180° transponiert (nach Abb. 93)

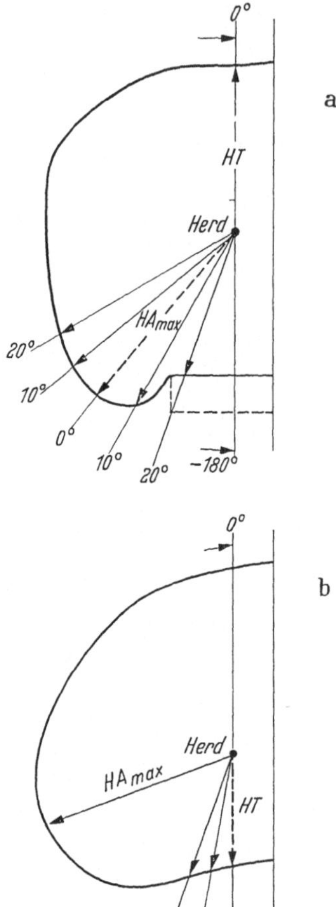

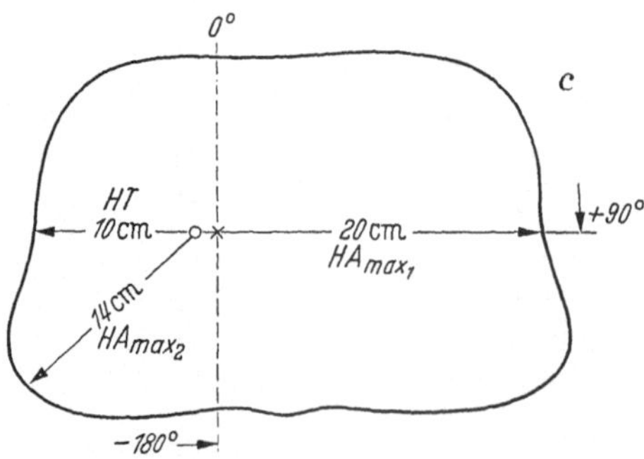

Abb. 96. Sonderfälle bei der Herddosisbestimmung
nach dem Herdabstandsverhältnis

positiven Abweichungen in einem Bereich durch negative Abweichungen in einem anderen Bereich wieder aus. Voraussetzung ist jedoch, daß die extremen Herdabstände und damit das Herdabstandsverhältnis für den bestrahlten Abschnitt repräsentativ sind. In Abb. 96 sind einige Fälle ausgewählt, bei denen die Extremwerte in diesem Sinne nicht mehr als repräsentativ anzusprechen sind. Unter Abb. 96a ist das Beispiel einer Bestrahlung im Beckenbereich gezeigt, bei dem der Umriß durch die Lagerung auf dem Bestrahlungstisch in der dargestellten Weise deformiert ist. Hier fällt der längste Herdabstand gerade in eine Ausbuchtung des Umrisses. Beim Querschnitt Abb. 96b fällt der kürzeste Herdabstand mit einer Begrenzung des Bestrahlungswinkelbereiches zusammen und liegt zudem an einer Einbuchtung der Körperkontur. Für beide Fälle ist charakteristisch, daß der 10° danebenliegende Herdabstand einen wesentlich kleineren bzw. größeren Wert aufweist. Nach dem Kurvenverlauf in Abb. 93 soll aber der Herdabstand im Bereich der Extremwerte nur eine geringe Änderung aufweisen. Trifft dieses bei einem Umriß, wie z. B. in Abb. 96a, b, nicht zu, so ist der Extremwert für den gegebenen Querschnitt nicht repräsentativ. Man nimmt dann einen 10—20° danebenliegenden ganzzahligen Herdabstand als Extremwert für die Herddosisbestimmung. Die Größe dieses Winkels ist deswegen nicht so kritisch, weil ja ein Fehler erst verkleinert werden muß, ehe er als Fehler mit umgekehrten Vorzeichen wieder auftauchen kann; z. B. ohne Korrektur +20%, bei 10° daneben +5%, bei 20° daneben −2%, bei 30° daneben −12% Abweichung vom wahren Wert der Herddosis.

Wenn solche — an und für sich ja sehr sinnfälligen — Dinge für die Praxis noch zu kompliziert erscheinen, kann man auch in jedem Falle vollkommen mechanisch zwei Herdabstände 10°—20° neben den Extremwerten auswählen und hat dann jede größere Fehlermöglichkeit ausgeschaltet. Die Richtigkeit dieser These läßt sich am Idealfall (Abb. 93) des Ellipsenquadranten nachweisen, wenn man, von den Extremwerten bei 0°/90° ausgehend, jeweils für beiderseits 10° geringere Winkel die Dosisleistungen summiert:

Winkel	0°/90°	10°/80°	20°/70°	30°/60°	40°/50°
	37 + 6,5	36 + 7,5	34 + 10,5	30 + 15,5	25,5 + 20,5
Dosisleistung . . .	43,5 r/min	43,5 r/min	44,5 r/min	45,5 r/min	46,0 r/min
Abweichung . . .	0%	0%	+2%	+4%	+ 5,5%

Es zeigt sich also, daß im Idealfall der Fehler selbst bei größeren beiderseitigen Winkelabweichungen sehr klein bleibt. Dieser Gedankengang, auf einen beliebigen Körperquerschnitt übertragen, würde heißen: sind die Extremwerte repräsentativ, so ist der Fehler in der Herddosisbestimmung bei Verwendung eines Herdabstandes $10°-20°$ daneben vernachlässigbar klein. Sind die Extremwerte nicht repräsentativ, so wird im gleichen Falle ein entstehender Fehler durch solches Vorgehen verkleinert.

Schließlich ist noch der in Abb. 96c gezeigte Fall möglich, daß ein Extremwert (10 cm) den Bestrahlungs-Winkelbereich in zwei nahezu gleiche Abschnitte mit einem zweiten Extremwert von etwas unterschiedlicher Größe (14 cm und 20 cm) aufteilt. In solchem Falle wählt man nicht den extremsten der beiden (20 cm), sondern das arithmetische Mittel aus beiden (17 cm) als Extremwert.

III. Herddosisberechnung bei der Rotationsbestrahlung mit Hilfe der Mittelwerts-Ermittlung über Winkelabschnitte

Was beim Verfahren der Herddosisermittlung unter Verwendung des Herdabstandsverhältnisses an Rechnungen zur Erleichterung der Dosisermittlung vorweggenommen worden ist, muß bei den Verfahren der Mittelwerts-Ermittlung im Einzelfall an zusätzlicher Arbeit aufgewendet werden.

1. Ermittlung der Herddosis aus dem „mittleren Fahrstrahl" (KOHLER)

Die Berechnung geht von der Überlegung aus, daß die Rotationsbestrahlung (Pendelbestrahlung nach KOHLER) ein automatisches Aneinanderreihen einzelner Stehfelder dargestellt, deren Zentralstrahlen sich im Drehpunkt (Pendelachse nach KOHLER) treffen. Durch den vom Kreis abweichenden Körperquerschnitt ist jedoch der Abstand des Drehpunktes von der Oberfläche (Fahrstrahl nach KOHLER) für jedes gedachte Stehfeld ein anderer. Dieses Problem ist in der Weise lösbar, daß in einem maßstabsgerechten Körperquerschnitt alle 10° oder 20° innerhalb des festgelegten Rotationswinkels (Pendelwinkel nach KOHLER) der Abstand des Drehpunktes von der Hautoberfläche (Fahrstrahl

Tabelle 4. *Ermittlung des mittleren Fahrstrahles bei einem unregelmäßig geformten Körperquerschnitt (Pendelwinkel $\pm 70°$)*

Bogenstück Winkelgrade	Fahrstrahllänge cm	Tiefendosen %
0—±10	6,2	40
±10—±20	6,5	39
±20—±30	7,1	34
±30—±40	9,2	25
±40—±50	10,9	16
±50—±60	12,2	12,5
±60—±70	14,4	8
zusammen	66,5	174,5

Mittlerer Fahrstrahl = 66,5 : 7 = 9,5 cm.
Mittlere Tiefendosen (aus Einzelwerten)
    = 174,5 : 7 = 25%.
Mittlere Tiefendosen (aus mittlerem Fahrstrahl) = 22%.

nach Kohler) gemessen wird. Die einzelnen Drehpunkt-Oberflächen-Abstände addiert und durch ihre Anzahl dividiert, ergeben den „mittleren Drehpunkt-Oberflächen-Abstand" (mittleren Fahrstrahl nach Kohler). Aus einer Dosistabelle läßt sich sodann die mittlere Dosis im Drehpunkt (an der Pendelachse nach Kohler) ablesen.

Abb. 97 zeigt die Darstellung des Kohlerschen Verfahrens an einem Körperquerschnitt. Als Endergebnis des Rechenganges in Tab. 4 wird die „mittlere Tiefendosis an der Pendelachse aus dem mittleren Fahrstrahl" von 22% der „mittleren Tiefendosis an der Pendelachse aus Einzelwerten der Tiefendosen" von 25% gegenübergestellt.

2. Ermittlung der Herddosis aus dem „mittleren Herdabstand"

Es erscheint sinnvoll, diesen in Abb. 97 dargestellten, sehr unregelmäßig geformten Körperquerschnitt für die hier zu besprechenden Verfahren der Mittelwerts-Ermittlung ebenfalls zu verwenden. Als Grundlage für die rechnerische Ermittlung sind die Werte für HAV 1,0 der Dosistabelle zu verwenden, da für diesen Fall des kreisförmigen Querschnittes Herdtiefe und Herdabstand gleich sind. Der Übersichtlichkeit halber sind diese Werte in den „Tabellen zur Dosierung" in einer besonderen Dosistabelle zusammengestellt, die in Tab. 5 auszugsweise wiedergegeben sind. Dieser Tab. 5 ist für den gewählten Rotationswinkel, wie bei allen Dosistabellen des genannten Tabellenwerkes, unmittelbar die bei

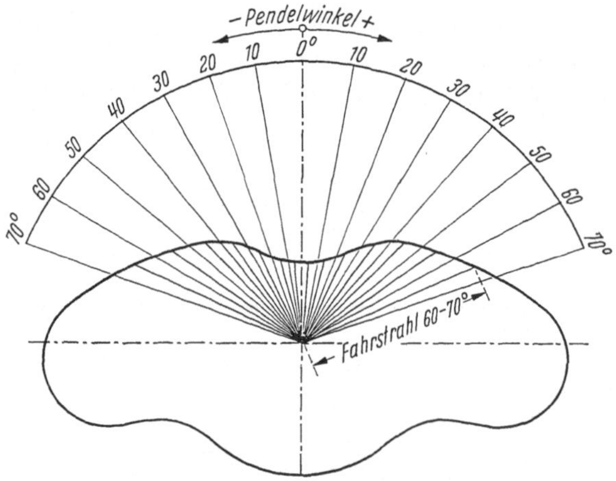

Abb. 97. Ermittlung des mittleren Fahrstrahles bei einem unregelmäßig geformten Körperquerschnitt (nach Wachsmann und Barth)

Beispiel (nach Abb. 97)

Winkelgrade	Herdabstand cm
0—10	6,2
10—20	6,5
20—30	7,1
30—40	9,2
40—50	10,9
50—60	12,2
60—70	14,4

Arithmetisches Mittel (cm-Werte addiert und durch ihre Anzahl dividiert) 66,5 : 7.

Mittlerer Herdabstand 9,5 cm.

Mittlere Herddosisleistung (nach Abb. 98) 40% des RW.

verschiedenen Herdabständen auf den Herd eingestrahlte Dosisleistung in Prozent des Röntgenwertes zu entnehmen, und zwar unabhängig von der Zahl der Winkelabschnitte, in die der Rotationswinkel eingeteilt wird. Im Gegensatz dazu erlaubt die Methode, mit Hilfe des „mittleren Fahrstrahles nach Kohler" nur die Dosis im Drehpunkt (Pendelachse nach Kohler) zu bestimmen. Der Unterschied ist an dem Anstieg der Dosisleistung bei gleichem Herdabstand mit Vergrößerung des Rotationswinkels zu erkennen. Dieses hat seinen Grund darin, daß für den gleichen Herdabstand der Drehpunkt bei Rot. 120° einige Zentimeter hinter dem

Herd liegt, während für Rot. 330° Herd und Drehpunkt zusammenfallen [D, III, 1)]

Prinzip und Vorgehen bei der Mittelwerts-Ermittlung aus dem „mittleren Herdabstand" entsprechen dem Verfahren mit dem „mittleren Fahrstrahl", jedoch mit dem obengenannten Unterschied, daß nicht die Dosis im Drehpunkt — die ja eigentlich nicht interessiert —, sondern unmittelbar die Dosis im Krankheitsherd, d. h. der Höchstwert der Tiefendosiskurve (Dosismaximum) bestimmt

Tabelle 5. *Herddosistabelle für Rotationsbestrahlung zur Mittelwerts-Ermittlung in Winkelabschnitten bei 30 cm² Achsenfeldgröße* (Auszug)

Herdabstand	Herddosis in % Röntgenwert bei verwendetem Rotationswinkel von				
cm	120°	180°	240°	300°	330°
6	56	59	64	66	68
8	41	44	48	50	51
10	29	32	34	36	37
12	19	23	25	26	27
14	14	15	17	18	19
16	9	10	12	13	14

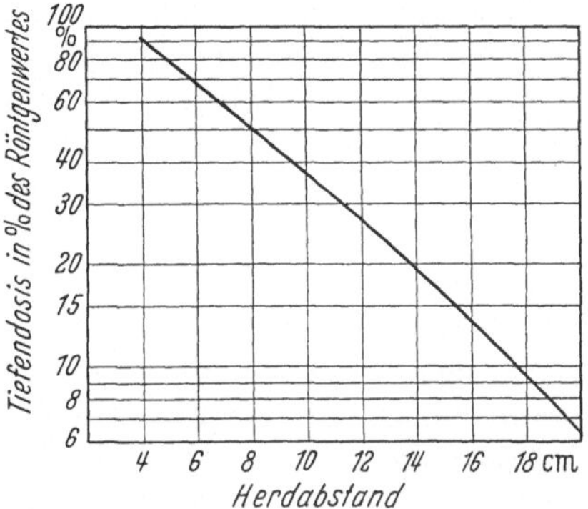

Abb. 98. Tiefendosis im Drehpunkt (entspricht Rot 330° in Tab. 5)

wird. Um jedoch den unmittelbaren Vergleich mit dem Beispiel Abb. 97 zu ermöglichen, muß auch hier die Dosis im Drehpunkt ermittelt werden. Werte, die diese Forderung erfüllen, sind — wie oben erläutert — unter Rotationswinkel 330° in Tab. 5 zu finden und in Abb. 98 als Kurve dargestellt, um den Vergleich zu erleichtern.

Durchführung und Ergebnis des Rechenganges sind dem Beispiel (S. 74) zu entnehmen.

3. Ermittlung der Herddosis aus dem „Mittelwert der Herddosisleistungen"

Dieses Verfahren entspricht sinngemäß der Dosisermittlung bei der Mehrfelder-Stehfeldbestrahlung. Es wird, wie bekannt, für jedes Stehfeld der Abstand des Krankheitsherdes von der Oberfläche bestimmt, für jeden Abstand und damit die über jedes Stehfeld eingestrahlte Teil-Herddosis mit Hilfe von Dosistabellen festgelegt und daraus die Gesamtherddosis ermittelt.

Ebenso geht man hier vor: für jeden Winkelabschnitt wird der Herdabstand bestimmt, für jeden dieser Herdabstände werden aus Tab. 5 bzw. Abb. 98 die Herddosisleistungen in Prozent des Röntgenwertes herausgesucht und schließlich durch Ermittlung des Mittelwertes aus allen Dosisleistungswerten die mittlere Herddosisleistung gewonnen.

Beispiel (nach Abb. 97)

Winkelgrade	Herdabstand cm	Herddosis % RW
0—10	6,2	67 (nach
10—20	6,5	64 Abb. 98)
20—30	7,1	58
30—40	9,2	42
40—50	10,9	32
50—60	12,2	26
60—70	14,4	18

Arithmetisches Mittel (%-Werte addiert und durch ihre Anzahl dividiert) 307:7.

Mittlere Herddosisleistung 44% RW.

4. Vergleich der Methoden zur Herddosisbestimmung

Die Ermittlung der Herddosis nach dem „Mittelwert der Herddosisleistungen"
stellt die exakteste Methode dar, erfordert aber auch den größten Arbeitsaufwand.
Sie wird daher als Basis für unsere Betrachtungen gewählt. Bei Anwendung des
„mittleren Herdabstandes" wird zur Arbeitsersparnis linear gemittelt und so die
Nichtlinearität der Tiefendosiskurve vernachlässigt. Dieses gilt ebenfalls für die
Kohlersche Methode des „mittleren Fahrstrahles", der darüber hinaus noch der
zusätzliche Fehler anhaftet, daß die Abweichungen von dem nur in der Einstellebene 50 cm betragenden Fokus-Haut-Abstand unberücksichtigt bleiben.

Den geringsten Arbeitsaufwand erfordert natürlich die Methode mit Hilfe des
„Herdabstandsverhältnisses". Dem nur aus zwei Extremwerten der Herddosisleistungen — des kürzesten und des längsten Herdabstandes — gebildeten arithmetischen Mittel scheint dem Eindruck nach der größte Fehler anzuhaften, denn
er setzt die Annahme voraus, daß der Übergang vom kürzesten zum längsten
Herdabstand der einer Ellipse von gleichem Achsenverhältnis entspricht.

Für den Vergleich ist noch die Bestimmung nach dem Herdabstandsverhältnis
vorzunehmen: im Beispiel Abb. 97 beträgt die Herdtiefe 6 cm und der längste
Herdabstand 15,5 cm. Das resultierende Herdabstandsverhältnis von 2,6 ist in
den Tabellen nicht mehr enthalten und unterstreicht die Tatsache, daß das Beispiel
extrem ungünstig gewählt worden ist. In der Praxis wird man den Winkelabschnitt 60°—70° nicht zur Bestrahlung heranziehen, da hier nur noch ein
Bruchteil der eingestrahlten Dosis an den Herd gelangt. Üblicherweise wird man
das Herdabstandsverhältnis von 2,0 nicht überschreiten.

Um den Vergleich trotzdem durchführen zu können, ist das arithmetische
Mittel der Extremwerte in diesem Fall rechnerisch zu bestimmen.

Beispiel (nach Abb. 97)

Kürzester Herdabstand 6 cm . . . . 68% des RW

Längster Herdabstand 15,5 cm . . . . . . 15% des RW

Arithmetisches Mittel 83:2

Mittlere Herddosisleistung . . . . 41,5% des RW

Tabelle 6. *Fehlergröße der Herddosisbestimmung bei den Methoden der „Tabellen zur Dosierung bei Bewegungsbestrahlung"*

Verfahren	Mittelwert der Herddosisleistungen	Herdabstands-verhältnis	Mittlerer Herdabstand
Dosis % RW	44	41,5	40
Fehler . . .	0%	—5,5%	—9%

Tabelle 7. *Fehlergröße der Herddosisbestimmung bei der Kohlerschen Methode* (WACHS-
MANN-BARTH)

Verfahren	Mittelwert der Tiefendosis	Mittlerer Fahrstrahl
Dosis % ED .	25	22
Fehler . . .	0%	—12%

In den Tab. 6 und 7 sind die Ergebnisse aller Methoden unter Zugrundelegung des Körperquerschnittes Abb. 97 gegenübergestellt.

Dieser Vergleich der Methoden läßt erkennen, daß selbst in ausgesprochen ungünstigen Fällen die Methode unter Verwendung des „Herdabstandsverhältnisses" den kleinsten Fehler aufweist. Die Verhältnisse am Körper erlauben also eine derart einfache Herddosisbestimmung, und die Praxis hat gezeigt, daß die Abweichungen meist unter
10% liegen. Wenn es die Zeit erlaubt, wird man gern auf die Verfahren der

Mittelwerts-Ermittlung zurückgreifen, hier aber dem „Mittelwert der Herddosisleistungen" den Vorzug geben.

Hierzu mag abschließend noch auf eine Fehlermöglichkeit hingewiesen werden: Die besprochene Herddosisermittlung in Winkelabschnitten geht davon aus, daß für jeden Winkelabschnitt die Winkelhalbierende als Herdabstand repräsentativ ist. Bei der Einteilung in 10°-Abschnitte ist es also immer der dazwischen liegende 5°-Wert. Man könnte geneigt sein, anstelle dieses Verfahrens alle 10° — beginnend bei einer Begrenzung des Bestrahlungs-Winkelbereiches — die Herdabstände zu bestimmen. Dieses Vorgehen führt aber zu einem Fehler, wie er sich aus der geometrischen Überlegung (Abb. 99) ergibt. Trennt man den Körperquerschnitt nach Abb. 97 in seinem kürzesten Herdabstand in zwei Hälften (Abb. 99a) und legt ihn mit seinen längsten Herdabständen aneinander, so entsteht ein anders

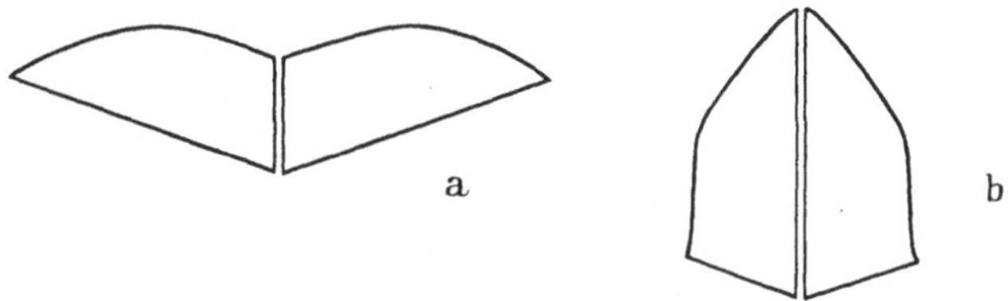

Abb. 99. Bestrahlter Abschnitt nach Körperquerschnitt Abb. 97

geformter, aber bezüglich der Herddosis äquivalenter Körperquerschnitt (Abb. 99b). Die Herddosisbestimmung mit Hilfe des Herdabstandsverhältnisses führt in beiden Fällen zur gleichen Herddosis. Das Verfahren nach den Winkelabschnitten, wie es in den obigen Beispielen gezeigt worden ist, führt ebenfalls in beiden Fällen zu den gleichen Werten der Herdabstände und der zugehörigen Herddosisleistungen. Nimmt man jedoch die Herdabstände von 10° zu 10°, beginnend bei — 70°, über 0° bis + 70°, so kann man feststellen, daß die Herdabstände — 60° bis — 10° und + 10° bis + 60° in beiden Querschnitten in gleicher Zahl und Größe vorhanden sind. Der Unterschied liegt in den längsten und kürzesten Herdabständen bei 0° und ±70°. Im Querschnitt a ist der längste 2mal und der kürzeste 1mal, in Querschnitt b der längste 1mal und der kürzeste Herdabstand 2mal vorhanden. Das ergibt für a als Summe dieser drei Herdabstände 37 cm und der Herddosisleistungen 98% und für b entsprechend 27,5 cm und 151%. Diese Werte, zu den für beide Querschnitte a und b konstanten Summenwerten addiert, führen zu unterschiedlichen Mittelwerten, die in gleichem Maße (etwa 5%) nach oben und unten vom wahren Wert abweichen, sich also im Ergebnis um etwa 10% voneinander unterscheiden.

Schließlich darf bei der Herddosisbestimmung nicht außer Betracht gelassen werden, daß ein mittlerer Herdabstandsfehler von 1 cm bei der Abnahme des Körperquerschnittes vom Patienten bereits einen Fehler von etwa 15% in die Herddosisbestimmung hineinbringt. Der gleiche Querschnitt eines Patienten, von zwei Personen unabhängig voneinander abgenommen, demonstriert, wie leicht ein solcher Fehler entstehen kann. Der größere Arbeitsaufwand mit einer theoretisch genaueren Methode der Herddosisermittlung bedeutet also in der Praxis nicht zwangsläufig eine gleich große absolute Genauigkeit.

IV. Berücksichtigung der Strahlenqualität und des Einflusses nicht wasseräquivalent absorbierender Gewebe

Die nach den oben diskutierten Methoden mit Hilfe von Dosistabellen bestimmte Herddosis gilt nur für ein wasseräquivalentes Bestrahlungsobjekt und ferner nur für eine bestimmte Strahlenqualität, die in den bisherigen Dosistabellen einer minimal bei Bewegungsbestrahlung vertretbaren Halbwertschicht von etwa 0,7 mm Cu entspricht.

1. Einfluß von Halbwertschicht und Filterung auf die Herddosis

Die Bezugnahme der Dosistabellen auf die niedrigste HWS von etwa 0,7 mm Cu hat zweierlei Gründe. Einmal pflegt man tabellarische Grundwerte an die obere oder untere Grenze der möglichen Werte zu legen, um mit Korrekturfaktoren entweder über 1,0 oder aber unter 1,0 arbeiten zu können. Zum anderen ist es zur Abkürzung der bei Bewegungsbestrahlung erheblich verlängerten Bestrahlungszeit erwünscht, mit einem möglichst hohen Röntgenwert zu arbeiten. Der ökonomische Grenzwert der HWS liegt für die kleinen Felder der Bewegungsbestrahlung bei 200 kV zwischen 0,6 und 0,8 mm Cu und gestattet, bei 20 mA Röhrenstrom einen Röntgenwert von 100 r/min zu erreichen. In allen Fällen, bei denen nur wasseräquivalentes Gewebe oder schwache peripher gelegene Knochen, wie beim Thorax, zu durchstrahlen sind, kann sinnvoll von dieser Möglichkeit Gebrauch gemacht werden. Dieses gilt selbstverständlich unbeschadet der Tatsache, daß jede höhere HWS die Bestrahlungsbedingungen noch um ein Geringes verbessert und ihre Anwendung bei Krankheitsherden im Bereich von Knochen und Knorpeln immer angezeigt ist. Da eine Verminderung des Röntgenwertes unter 50 r/min bei der Bewegungsbestrahlung kaum tragbar sein wird, ergibt sich für 200 kV als oberer Grenzwert eine HWS von etwa 1,5 mm Cu, die mit einer Cu-Filterung von 1 mm erreichbar ist.

Es bestehen also ausreichende Gründe, die Dosistabellen auf eine niedrige HWS von 0,7 mm Cu zu beziehen. Bei Verwendung anderer Strahlenqualitäten sind bei der Dosisbestimmung Korrekturfaktoren zu berücksichtigen, die aber in dem genannten HWS-Bereich nur gering sind und in den oberflächennahen Schichten bis 5 cm nur 5% erreichen, während sich die absoluten Erhöhungen von 15%–25% in Tiefen von 15 cm–20 cm bei der Rotationsbestrahlung an der Gesamtherddosis nur geringfügig auswirken:

Beispiel (nach Tabelle 5)

Rot. 240°; Feldgröße 30 cm²; HWS 1,5 mm Cu; RW 100 r/min				Erhöhung der Herddosis % RW
Herdabstand cm	Herddosis % RW	HWS-Korr.	Herddosis-Korr. % RW	
6	64	1,05 (+ 5%)	67	+3
16	12	1,20 (+20%)	14,5	+2,5

Bei 250 kV liegt der ökonomische Grenzwert bei einer HWS von 1,0–1,2 mm Cu und gestattet, bei 15 mA einen Röntgenwert von 100 r/min zu erreichen. Für den mit einem Röntgenwert von 50 r/min verbundenen oberen Grenzwert ergibt sich bei 250 kV eine HWS von fast 3 mm Cu, die mit einer Cu-Filterung von 2 mm oder besser mit einem Thoraeus-Filter (0,4 Sn) erreichbar ist. (Der Thoraeus-Filter ermöglicht bei gleicher Halbwertschicht eine um etwa 10% höhere Dosisleistung.)

Diese Betrachtungen lassen die etwas merkwürdige Diskrepanz erkennen, daß im Bereich von 200 kV—250 kV ein relativ großer Bereich der HWS von 0,7 bis etwa 3 mm Cu interessant ist, jedoch nur 2—4 bestimmte Werte von Bedeutung sind und schließlich aber der Einfluß auf die Herddosis doch gering bleibt. Anstelle einer umfangreichen Tabelle mit Korrekturwerten für die HWS, wie sie die bisherigen „Tabellen zur Dosierung" enthalten, wird bei ihrer Neubearbeitung aus diesem Grunde eine Bezugnahme auf die Filterung gewählt. Dieses hat zwei sehr praktische Ursachen: einmal konnte unter C, I, 4) gezeigt werden, daß die Tiefenwirkung bei Bezugnahme auf die HWS — besonders bei niedrigen Werten — einen starken Gang mit der Röhrenspannung aufweist, der wesentlich geringer ist, wenn hierfür die Filterung herangezogen wird. Zum anderen ist die Filterung ein viel konkreterer Begriff als die HWS und daher für die Praxis eine viel bessere Aussage. So finden sich in den neuen Dosistabellen die Angaben für zwei extreme Filterungen, und zwar für 0,35 mm Cu und 2,0 mm Cu Gesamtfilterung, wobei letztere mit dem Thoraeus-Filter (0,4 Sn) praktisch identisch ist. Wenn andere Filterungen verwendet werden sollen, erlauben Korrekturkurven eine unmittelbare Ermittlung in Prozent des Röntgenwertes mit einer den wirklichen Verhältnissen angepaßten Genauigkeit.

2. Einfluß nicht wasseräquivalent absorbierender Gewebe auf die Herddosis

Liegt im durchstrahlten Gebiet Knochengewebe, so ist die Dosis am Herd um einen bestimmten Betrag niedriger, als nach den wasseräquivalenten Dosiswerten errechnet worden ist. Bei lufthaltigem Lungengewebe steigt die Herddosis durch die verminderte Absorption entsprechend an. In Tab. 8 sind durch zahlreiche Absorptionsmessungen bei konventioneller Therapiespannung an Patienten gewonnene Korrekturfaktoren zusammengestellt, die bei menschlichen Körpern vorkommende Durchschnittswerte darstellen.

Tabelle 8. *Korrekturfaktoren zur Berücksichtigung unterschiedlich absorbierender Gewebe bei HWS 1 mm Cu (nach* WACHSMANN-BARTH*)*

	min	normal	max
Schädel frontal		0,7 —0,8	
Schädel seitlich		0,75—0,85	
Thorax (freie Lungenfelder)	(1,2)	1,4 —1,7	(2,0)
Abdomen (Wirbelsäule z. T. durchstrahlt) . . .	(0,6)	0,7 —0,8	(1,0)
Becken (seitlich und von hinten)	(0,65)	0,75—0,8	(0,9)

Für Cobalt[60] entfallen die Korrekturfaktoren für Gewebe mit Knocheneinschluß. Lediglich für das lufthaltige Lungengewebe bleibt — wenn auch vermindert — ein Korrekturfaktor erhalten. Es ergeben sich für den Thorax etwa: (1,1) 1,3 (1,5).

V. Dosisberechnung bei der Schrägrotationsbestrahlung

Nach B, VII versteht man unter Schrägrotation eine Rotationsbestrahlung, bei der der Zentralstrahl nicht in der Rotationsebene, sondern schräg dazu, unter einem bestimmten Winkel auf den Drehpunkt gerichtet ist. Im Gegensatz zur Pendelkonvergenzbestrahlung bleibt dieser als Translationswinkel bezeichnete Winkel während der Bestrahlung unverändert.

Erfolgt die Einstellung automatisch, so sind zusätzliche Rechnungen und Einstellmaßnahmen am Patienten nicht notwendig und exakte und reproduzierbare Verhältnisse gewährleistet. Die Dosisbestimmung kann daher von der Vorstellung ausgehen, daß die Rotationsbestrahlung ein Sonderfall der Schrägrotationsbestrahlung mit dem Translationswinkel 0° ist. Die durch Schrägeinstrahlung veränderten Dosisverhältnisse können dann durch Anbringung von Korrekturfaktoren an die nach E, I ermittelte Oberflächen- und Herddosis berücksichtigt werden.

1. Korrekturfaktoren für die Oberflächendosis

Bei der Schrägeinstrahlung vergrößert sich durch die automatische Steuerung der Fokus-Drehpunkt-Abstand. Dieses bedeutet eine Verminderung der Dosisleistung im Drehpunkt bei gleichbleibendem Röntgenwert. Diese Dosisminderung wird bei Bestimmung der Oberflächendosis durch Faktoren berücksichtigt, die Tab. 9 zu entnehmen sind.

Tab. 9. *Faktoren zur Berechnung der Oberflächendosis bei Schrägrotation* (Auszug)

Drehpunkttiefe	Translationswinkel				
cm	10°	15°	20°	25°	30°
2—16	0,95	0,90	0,85	0,80	0,75

2. Korrekturfaktoren für die Herddosis

Durch die schräge Einstrahlung auf den Herd kommt bei ebener Hautoberfläche eine zusätzliche Schwächung der Strahlung dadurch zustande, daß das Strahlenbündel von der Eintrittsstelle bis zum Herd eine dickere Gewebsschicht durchdringen muß als bei Einstrahlung in der Senkrechten. Hierdurch werden die Faktoren für die Herddosis zusätzlich von der Herdtiefe abhängig, wie Tab. 10 zu entnehmen ist. Ist die Oberfläche gewölbt, so kommt diese zusätzliche Schwächung in Fortfall.

Tabelle 10. *Faktoren zur Berechnung der Herddosis bei Schrägrotation* (Auszug)

Herdtiefe	Translationswinkel				
cm	10°	15°	20°	25°	30°
bei ebener Oberfläche					
6	0,95	0,9	0,85	0,75	0,65
8	0,95	0,85	0,8	0,7	0,6
10	0,95	0,85	0,8	0,7	0,6
12	0,95	0,85	0,75	0,65	0,55
bei sphärischer Oberfläche					
2—16	0,95	0,9	0,8	0,8	0,75

3. Berechnungsbeispiel (nach Beispiel für Rotationsbestrahlung S. 70)

Schrägrotation: Schräg-Rot 240°/+ 20°
Translationswinkel + 20°, Herdtiefe 10 cm
OD-Faktor für Schrägrotation (Tab. 9)   0,85
HD-Faktor für Schrägrotation (Tab. 10)   0,8
Oberflächendosisleistung bei Rotation   15,5 r/min
Herddosisleistung bei Rotation   17,5 r/min
Oberflächendosisleistung für Schrägrotation 15,5 × 0,85   =   13,2 r/min
Herddosisleistung für Schrägrotation 17,5 × 0,8   =   14   r/min
Bestrahlungszeit für 200 r Herddosis 200 r:14 r/min   =   14,3 min

VI. Dosisberechnung bei der Pendelkonvergenzbestrahlung

Im Gegensatz zur Schrägrotation, bei der ein bestimmter, voreingestellter Translationswinkel während der Bestrahlung unverändert bleibt, ist der Translationswinkel bei der Pendelkonvergenzbestrahlung einer stetigen Änderung unterworfen. Der während der Pendelbewegung in Rotationsrichtung senkrecht dazu durchlaufene Translationswinkelbereich wird als Konvergenzwinkel bezeichnet und ist z. B. an dem Bestrahlungsgerät „Müller TU 1" innerhalb von 60° beliebig wählbar. Während dieser Doppelbewegung bleibt der Zentralstrahl automatisch auf den gemeinsamen Drehpunkt beider Bewegungen oder bei der transaxialen Pendelkonvergenz auf den Konvergenzpunkt ausgerichtet.

Die Dosisbestimmung geht, wie bei der Schrägrotationsbestrahlung, auch bei der Pendelkonvergenzbestrahlung von der Vorstellung aus, daß die Rotationsbestrahlung ein Sonderfall der Pendelkonvergenz mit dem Konvergenzwinkel 0° (beim Translationswinkel 0°) ist. Die sich beim Durchfahren des Konvergenzwinkels stetig ändernden Oberflächen- und Tiefendosiswerte können durch entsprechende Korrekturfaktoren berücksichtigt werden. Sie können entweder, wie bei der Rotationsbestrahlung, mit Hilfe der Mittelwerts-Ermittlung in Winkelabschnitten durch Anfertigung eines maßstabsgerecht gezeichneten Körperschnittes in Translationsrichtung nach Tab. 9 und 10 ermittelt werden oder aber Tabellen entnommen werden, in denen die Faktoren für die Bedingung des Zylinders und der Kugel vorausberechnet worden sind.

1. Korrekturfaktoren für die Oberflächendosis

Die bedeutende Verringerung der Oberflächendosis bei der Pendelkonvergenz ist dadurch bedingt, daß das bandförmige Oberflächeneinfallsfeld der reinen Rotationsbestrahlung durch zusätzliche Translationsbewegung in Richtung der Feldlänge vergrößert wird. Damit wird die Bedeutung, welche die Feldbreite für die Oberflächendosis bei der Rotationsbestrahlung hat, bei der Pendelkonvergenz auch noch auf die Feldlänge übertragen. Geht man bei der Bestimmung der Oberflächendosis für die Pendelkonvergenz von dem Wert der Oberflächendosis bei Rotationsbestrahlung aus, so ist die Feldbreite bereits berücksichtigt. Der Korrekturfaktor hat daher nur noch die Feldlänge zu berücksichtigen. Bei den früheren, auf die Feldgröße in Quadratzentimeter (Feld 1:2) bezogenen Tabellen ist die Feldlänge der Tab. 11 zu entnehmen bzw. durch Interpolation zu bestimmen.

Tabelle 11. *Die den Feldgrößen in cm² bei den Feldabmessungen 1:2 zugeordneten Feldlängen*

Feldgröße cm²	10	20	30	40	50	75
Feldlänge cm	4	6	8	9	10	12

Die neue Tab. 12 für Korrekturfaktoren der Oberflächendosis nimmt auf die Feldlänge direkt Bezug. Wie bei der Rotationsbestrahlung [D., IV., 2)] ist auch bei der Pendelkonvergenz die Oberflächendosis und damit der Korrekturfaktor nicht auf die Herdtiefe, sondern auf die Drehpunkttiefe zu beziehen.

Tabelle 12. *Korrektur für Oberflächendosis* (Auszug)

DrT cm	Feldgröße bei Konvergenzwinkel 60° (+30° bis —30°)								
	2,5 cm	3,5 cm	4,5 cm	5 cm	6 cm	7 cm	9 cm	11 cm	13 cm
4	0,65	0,7	0,75	0,8	0,85	0,9	1	1	1
8	0,35	0,4	0,45	0,5	0,5	0,55	0,65	0,75	0,85
12	0,2	0,25	0,3	0,3	0,35	0,4	0,5	0,6	0,7
16	0,15	0,15	0,2	0,2	0,25	0,3	0,4	0,45	0,5

Die so ermittelte Oberflächendosis stellt, wie im Rotations-Winkelbereich, auch im Translations-Winkelbereich den Höchstwert dar.

Bei der axialen Pendelkonvergenz gibt der unter der Drehpunkttiefe abgelesene Wert unmittelbar den erforderlichen Korrekturfaktor an.

Bei der transaxialen Pendelkonvergenz ist der Korrekturfaktor unter derjenigen Drehpunkttiefe abzulesen, die der „Drehpunkttiefe $+^1/_2$ transaxialer Abstand des Konvergenzpunktes" entspricht, d. h. es wird z. B. zu einer Drehpunkttiefe von 11,5 cm bei einem transaxialen Abstand von 10 cm (PK_{10}) die Hälfte, also 5 cm, hinzugefügt und mithin der Korrekturwert unter der Drehpunkttiefe 16,5 cm aufgesucht.

Wird eine Doppelfeld-Feldblende verwendet, so gilt als Ausgangswert für die Bestimmung der Oberflächendosis bei Rotation die Feldgröße des Einzelfeldes, während für den OD-Korrekturfaktor als Feldlänge die Summe der Feldlängen beider Felder zugrunde gelegt wird. Besteht diese Doppelfeld-Feldblende z. B. aus zwei 6 × 6 cm-Feldern im Abstand von 5 cm für PK_{10}, so geht man, wie im Berechnungsbeispiel für Rotationsbestrahlung, von Tab. 3 aus, als ob man es mit einem Einzelfeld zu tun hätte. Für den OD-Korrekturfaktor bei der Pendelkonvergenz ist dann die Summe der Feldlängen, also 12 cm, maßgeblich.

2. Korrekturfaktoren für die Herddosis

Die geringe Abnahme der Herddosisleistung ist, wie bei der Schrägrotation, durch Vergrößerung des Fokus-Drehpunkt-Abstandes und bei ebener Hautoberfläche zusätzlich durch schräge Einstrahlung auf den Herd bedingt.

Dementsprechend sind auch die Faktoren für die Herddosis verschieden, je nachdem die Einstrahlung in der Translationsrichtung über eine ebene (Zylinder) oder gekrümmte (Kugel) Körperoberfläche erfolgt.

Neben diesen idealen Möglichkeiten kann es vorkommen, daß die Oberfläche in Translationsrichtung wohl eine Ebene ist, jedoch schräg zur Rotationsachse verläuft. In solchem Falle kann man mit den Faktoren des Idealfalles

Tabelle 13. *Faktoren zur Berechnung der Herddosis bei Pendelkonvergenzbestrahlung* (Auszug)

Herdtiefe cm	Konvergenzwinkel		
	40°	50°	60°
bei ebener Oberfläche			
6	0,95	0,90	0,85
8	0,90	0,90	0,85
10	0,90	0,90	0,85
12	0,90	0,85	0,80
16	0,85	0,80	0,75
bei sphärischer Oberfläche			
2—16	0,95	0,90	0,90

der Ebene (parallel zur Rotationsachse) rechnen, da sich die einseitige Verlängerung des Weges von der Oberfläche zum Krankheitsherd durch eine Verkürzung auf der Gegenseite etwa wieder ausgleicht. Ist die Oberfläche in

Translationsrichtung teils eine Ebene und teils mehr eine Kugel, so rechnet man mit einem Mittelwert aus beiden Idealfällen. Abb. 100 veranschaulicht diese Möglichkeiten.

Gegenüber dem oben beschriebenen Vorgehen bei der axialen Pendelkonvergenz tritt bei der transaxialen Pendelkonvergenz zu der Herddosisverminderung durch die Schrägeinstrahlung noch eine zusätzliche Verminderung durch die Wanderung

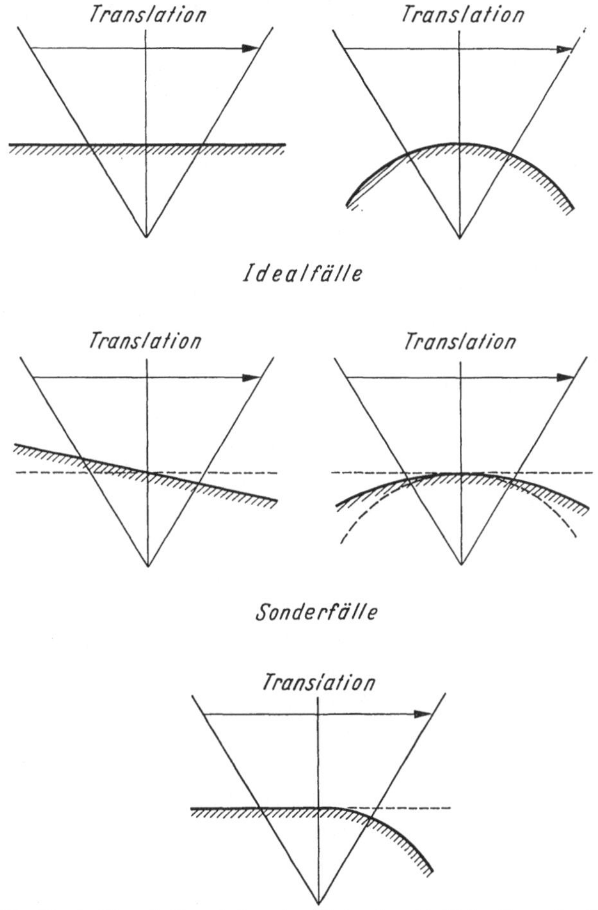

Abb. 100. Einstrahlung in Translationsebene bei unterschiedlicher Form der Oberfläche

des Feldes in Richtung der Feldlänge ein. Da es sich hierbei um den gleichen Effekt handelt, wie er bei der Bestimmung der Oberflächendosis der Pendelkonvergenz durch den OD-Korrekturfaktor berücksichtigt wird, können diese OD-Korrekturfaktoren (Tab. 12) für diesen Zweck in der Weise verwendet werden, daß der zusätzliche HD-Korrekturfaktor für die Feldwanderung in derjenigen Drehpunkttiefe abgelesen wird, die dem halben transaxialen Abstand des Konvergenzpunktes entspricht bzw. dem halben Abstand zwischen dem Dosismaximum und dem Konvergenzpunkt, wenn das Dosismaximum nicht in der Rotationsachse liegt.

$$\text{(transaxialer Abstand} + \text{Drehpunktabstand)} : 2$$
$$\text{(10 cm} \qquad + \qquad \text{1,5 cm)} \qquad : 2 = 5,75 \text{ cm}$$

Mit diesem Wert geht man als Drehpunkttiefe in Tab. 12 ein und ermittelt den zusätzlichen Korrekturfaktor für die Feldwanderung unter der zugehörigen Feldlänge.

Bei Verwendung der Doppelfeld-Feldblende ist für die Herddosisbestimmung die Größe des Einzelfeldes maßgeblich. Im Gegensatz zur OD-Korrekturfaktor-Bestimmung wird bei dem zusätzlichen HD-Korrekturfaktor für die Wanderung in Richtung der Feldlänge jedoch nicht die Summe der Einzelfeldlängen, sondern die Länge des Einzelfeldes zugrunde gelegt.

3. Berechnung der Bestrahlungsdaten für eine bestimmte Herddosis

Die Festlegung der Bestrahlungszeit bei der Rotations- oder Schrägrotationsbestrahlung erfolgt, wie bei der Stehfeldbestrahlung, durch Division der Einzeldosis durch die Tiefen- bzw. Herddosisleistung. Es wird dabei die stillschweigende Voraussetzung gemacht, daß die Abweichung der Bestrahlungszeit von einem ganzzahligen Vielfachen der für das einmalige Durchfahren des Bestrahlungs-Winkelbereiches benötigten Zeit ohne Bedeutung ist. Vertretbar ist dieses, solange der Winkelbereich während der Bestrahlung sehr oft durchfahren wird. Diese Voraussetzung ist bei der Pendelkonvergenz nur für die schnelle Pendelbewegung in Rotationsrichtung, aber nicht mehr für die langsame Konvergenzbewegung in Translationsrichtung gegeben. Es liegt im Wesen der Pendelkonvergenz, daß die translatorische Konvergenzbewegung sehr langsam den vorgesehenen Konvergenzwinkel voll durchfahren muß. Hierdurch wird eine Zeit erforderlich, die in der Größenordnung der Bestrahlungszeit selbst liegt. Die zweckmäßigste Lösung ist die veränderliche Geschwindigkeit für den Antrieb des Bewegungsmechanismus, wie ihn moderne Bewegungsbestrahlungsgeräte bereits besitzen. Ist diese Voraussetzung nicht gegeben, so arbeitet man mit einer konstanten Bestrahlungszeit und regelt die Dosisleistung so ein, daß im Ablauf dieser Zeit die gewünschte Dosis an den Herd gebracht wird. Dieses kann entweder durch Einstellung eines bestimmten Wertes des Röhrenstromes oder zweckmäßiger durch Einstellung eines entsprechenden Röntgenwertes am eingebauten Röntgenwertmesser erfolgen. Bei einer fest vorgegebenen Ablaufzeit für das Durchfahren des vorgesehenen Konvergenzwinkels, z. B. 9 min für 60°, können sich zwei Möglichkeiten ergeben. Ist die errechnete Bestrahlungszeit kürzer als die Ablaufzeit, so ist die gewünschte Herddosis schon erreicht, bevor der ganze Konvergenzwinkel durchfahren ist. Um eine Erhöhung der Herddosis über das gewünschte Maß hinaus zu vermeiden, muß der Röntgenwert so weit vermindert werden, daß nach der Ablaufzeit gerade die gewünschte Herddosis erreicht wird. Zum anderen kann die errechnete Bestrahlungszeit länger als die Ablaufzeit sein. In diesem Falle würde die Herddosis nicht erreicht werden, es sei denn, der Röntgenwert würde um ein bestimmtes Maß erhöht.

Der für die Durchführung der Pendelkonvergenz notwendige Röntgenwert (RW_{PK}) läßt sich sehr einfach dadurch bestimmen, daß man die errechnete Bestrahlungszeit durch die ermittelte Ablaufzeit dividiert und mit dem Röntgenwert multipliziert, welcher der Bestimmung der Bestrahlungszeit zugrunde lag. Als Formel geschrieben:

$$RW_{PK} = \frac{\text{Bestrahlungszeit}}{\text{Ablaufzeit}} \times RW.$$

Zur Kontrolle der Ablaufzeit empfiehlt es sich, die Bestrahlungsuhr auf die nächst höhere volle Minute voreinzustellen. Da Hochspannung und Bestrahlungsuhr am Schluß des Ablaufes der Translation automatisch abgeschaltet werden, läßt sich die tatsächliche Zeit für den Ablauf von der Uhr ablesen und gegebenenfalls für eine Korrektur der Rechnung berücksichtigen.

4. Berechnungsbeispiel für axiale Pendelkonvergenz (nach Beispiel für Rotationsbestrahlung S. 70)

Pendelkonvergenz: PK_0 240°/60°

Konvergenzwinkel	60°
Feldlänge	6 cm
Herdtiefe	10 cm
Drehpunkttiefe	11,5 cm
Oberflächendosisleistung bei Rotation	15,5 r/min
Herddosisleistung bei Rotation	17,5 r/min
OD-Faktor für Pendelkonvergenz (Tab. 12)	0,35
HD-Faktor für Pendelkonvergenz (Tab. 13)	0,85
Oberflächendosisleistung bei PK_0 . . 15,5 × 0,35 =	5,5 r/min
Herddosisleistung bei PK_0 . . . . . 17,5 × 0,85 = 14,9 $\sim$	15 r/min
Bestrahlungszeit für 200 r am Herd 200 r:15 r/min =	13,3 min
Ablaufzeit für PK_0	9 min

$$\text{Röntgenwert}_{PK_0} = \frac{13{,}3 \text{ min}}{9 \text{ min}} \times 70 \text{ r/min} = 104 \text{ r/min}$$

Da bei 200 kV und 0,5 mm Cu-Filterung ein Röntgenwert von 104 r/min nicht erreicht werden kann, sind zur Erzielung einer Herddosis von 200 r zwei Abläufe von je 9 min mit einem Röntgenwert von 52 r/min erforderlich.

Würde der ermittelte Röntgenwert nahe bei 70 r/min, z. B. 75 r/min, liegen, so kann man sich mit *einem* Ablauf und einer geringeren Herddosis von etwa 185 r pro Tag begnügen.

5. Berechnungsbeispiel für transaxiale Pendelkonvergenz (nach Beispiel für Rotationsbestrahlung S. 70)

Pendelkonvergenz: PK_5 240°/60°

Konvergenzwinkel	60°
Feldlänge	6 cm
Herdtiefe	10 cm
Drehpunkttiefe	11,5 cm
Drehpunktabstand	1,5 cm
Transaxialer Abstand des Konvergenzpunktes	5 cm
$^1/_2$ transaxialer Abstand	2,5 cm
Oberflächendosisleistung bei Rotation	15,5 r/min
Herddosisleistung bei Rotation	17,5 r/min
OD-Faktor für PK_5 (Tab. 12) unter Drehpunkttiefe 11,5 + 2,5 cm = 14 cm	0,3
HD-Faktor für PK_5 (Tab. 13) unter der Herdtiefe 10 cm	0,85
HD-Faktor für Feldwanderung (nach Tab. 12) unter Drehpunkttiefe (5 cm + 1,5 cm):2 = 3,25 cm	0,9
Oberflächendosisleistung bei PK_5 . . 15,5 × 0,3 =	4,6 r/min
Herddosisleistung bei PK_5 . . 17,5 × 0,85 × 0,9 =	13,4 r/min
Bestrahlungszeit für 200 r am Herd	

$$200 \text{ r}:13{,}4 \text{ r/min} = 14{,}9 \text{ min}$$

$$\text{Ablaufzeit für PK}_5 \ \ldots\ldots\ldots\ldots\ldots \quad 9 \text{ min}$$

$$\text{Röntgenwert}_{\text{PK}_5} = \frac{14{,}9 \text{ min}}{9 \text{ min}} \times 70 \text{ r/min} \ \ldots \ = 116 \text{ r/min}$$

$$2 \text{ Abläufe mit einem Röntgenwert von} \ \ldots\ldots \quad 58 \text{ r/min}$$

VII. Bestimmung der relativen Tiefendosis und der „maximalen Herddosis"

Über die Bestimmung der Herd- und Oberflächendosis hinaus sollte man sich vor Beginn der Bestrahlung noch Rechenschaft über die mögliche Auswirkung der beabsichtigten Gesamtherddosis auf den Patienten geben. Physikalisch bieten hierfür die relative Tiefendosis und die „maximale Herddosis" einen guten Anhalt.

Ein Wert der relativen Tiefendosis von 100% sagt aus, daß Hautoberfläche und Krankheitsherd die gleiche Dosis erhalten. Da gerade die Bewegungsbestrahlung dem Zwecke dient, dem Herd gegenüber der Haut eine größere Dosis zu verabreichen, müssen für die relative Tiefendosis Werte über 100%, z. B. 200%, angestrebt werden.

Dieser Wert läßt sich aus der Oberflächen- und Herddosis durch nachfolgende Formel errechnen:

$$\text{relative Tiefendosis (rTD)} = \frac{\text{Herddosis (HD)}}{\text{Oberflächendosis (OD)}} \times 100 \ (\%).$$

An Anschaulichkeit gewinnt diese Beziehung zwischen Herd- und Oberflächendosis, wenn durch Multiplikation mit dem sog. Erythemfaktor 22 eine Kopplung an die Erythemdosis erreicht wird. Es ergibt sich dann die sog. maximale Herddosis, die ohne Beeinträchtigung der Haut an den Herd gebracht werden kann (D., IV.):

$$\text{maximale Herddosis} = \text{relative Tiefendosis} \times \text{Erythemfaktor (22) [r]}.$$

Aus dem oben angegebenen Berechnungsbeispiel ergibt sich:

1. Rotation

$$\text{Herddosisleistung} \ \ldots\ldots\ldots\ldots \quad 17{,}5 \text{ r/min}$$
$$\text{Oberflächendosisleistung} \ \ldots\ldots\ldots \quad 15{,}5 \text{ r/min}$$
$$\text{Relative Tiefendosis} \ldots\ldots \ \frac{17{,}5}{15{,}5} \times 100 = 113\%$$
$$\text{Maximale Herddosis} \ \ldots\ldots \ 113 \times 22 = 2500 \text{ r}$$

2. Schrägrotation

$$\text{Herddosisleistung} \ \ldots\ldots\ldots\ldots \quad 14 \ \text{ r/min}$$
$$\text{Oberflächendosisleistung} \ \ldots\ldots\ldots \quad 13{,}2 \text{ r/min}$$
$$\text{Relative Tiefendosis} \ldots\ldots \ \frac{14}{13{,}2} \times 100 = 106\%$$
$$\text{Maximale Herddosis} \ \ldots\ldots \ 106 \times 22 = 2350 \text{ r}$$

3. Axiale Pendelkonvergenz

$$\text{Herdosisleistung} \ \ldots\ldots\ldots\ldots \quad 15 \ \text{ r/min}$$
$$\text{Oberflächendosisleistung} \ \ldots\ldots\ldots \quad 5{,}5 \text{ r/min}$$
$$\text{Relative Tiefendosis} \ldots\ldots\ldots \ \frac{15}{5{,}5} \times 100 = 270\%$$
$$\text{Maximale Herddosis} \ \ldots\ldots \ 270 \times 22 = 6000 \text{ r}$$

4. Transaxiale Pendelkonvergenz (5 cm transaxial)

Herddosisleistung . . . . 13,5 r/min

Oberflächendosisleistung . . . . 4,5 r/min

Relative Tiefendosis . . . . $\dfrac{13,5}{4} \times 100 = 300\%$

Maximale Herddosis . . . . . 300 × 22 = 6600 r

(Die eff. Feldlänge ist dabei gegenüber Rotation etwa verdoppelt!)

VIII. Dosisberechnung bei der Tangentialrotation

Wie bereits unter B., X. erwähnt, liegt das Maximum der Dosis bei der Tangentialrotation — z. B. des Thorax — an der Oberfläche. Dementsprechend bezieht sich die Dosisberechnung bei der Tangentialrotation nicht auf die Tiefendosis, sondern auf die Oberflächendosis. Der Dosisabfall nach der Tiefe kann dann aus Standard-Isodosen entnommen werden. Voraussetzung für die Anwendung einer rechnerischen Dosisbestimmung ist einmal eine annähernd zylindrische Form des zu bestrahlenden Körperoberflächenabschnittes, d. h. daß er die Mantelzone eines Zylinders darstellt. Ferner muß die Möglichkeit gegeben sein, den Patienten so zu lagern, daß der in Frage kommende Hautabschnitt konzentrisch zur Rotationsachse liegt und so der Krümmungsmittelpunkt der Mantelzone des als Zylinder idealisiert gedachten Körperabschnittes mit dem Drehpunkt übereinstimmt. Die Grundlage der Dosisberechnung bildet auch hier ein Patientenquerschnitt in natürlicher Größe, anhand dessen dieser Krümmungsmittelpunkt festgelegt wird. Wie die Erfahrung gezeigt hat, ist dieser Krümmungsmittelpunkt in erster Näherung auf der Mitte des sagittalen Durchmessers zu suchen, der in etwa $^1/_3$ des transversalen Durchmessers von lateral zu erwarten ist. Durch Probieren mittels Zirkel oder Kreisteilungsscheibe (Winkel-Abstands-Messer) kann seine Lage so weit korrigiert werden, daß die Kontur des Querschnittes im bestrahlten Bereich nicht mehr als etwa ± 1—2 cm vom idealen Zylinder abweicht. Als Krümmungsradius der Mantelzone wird dann der kürzeste Abstand von dem so be-

Tabelle 14. *Dosistabelle* (Auszug). Tangentialrotation

Mantel-radius cm	Oberflächendosis in % RW Rotationswinkel					Feldgröße cm
	140°	150°	160°	170°	180°	
7	69	65	61	57	53	
9	62	58	54	50	46	4,5 × 18
11	57	53	49	45	42	
7	82	78	74	70	66	
9	76	72	67	63	59	6 × 18
11	69	65	61	57	53	

stimmten Krümmungsmittelpunkt zur Oberfläche — identisch mit der Drehpunkttiefe — gewählt. Bei der Mamma-Nachbestrahlung verläuft er fast immer in Richtung auf die Operationsnarbe.

Der Wert der Dosis im Dosismaximum ist in erster Linie vom Radius der Mantelzone (Mantelradius) und in zweiter Linie von der Feldbreite und dem Rotationswinkel abhängig.

Die Dosisberechnung erfolgt wie bei den anderen Bestrahlungsmethoden mit Hilfe einer Dosistabelle, aus der die Oberflächendosis in Prozent des Röntgenwertes für den bestimmten Mantelradius, der gewählten Feldgröße und dem gewünschten Rotationswinkel zu entnehmen ist (Tab. 14).

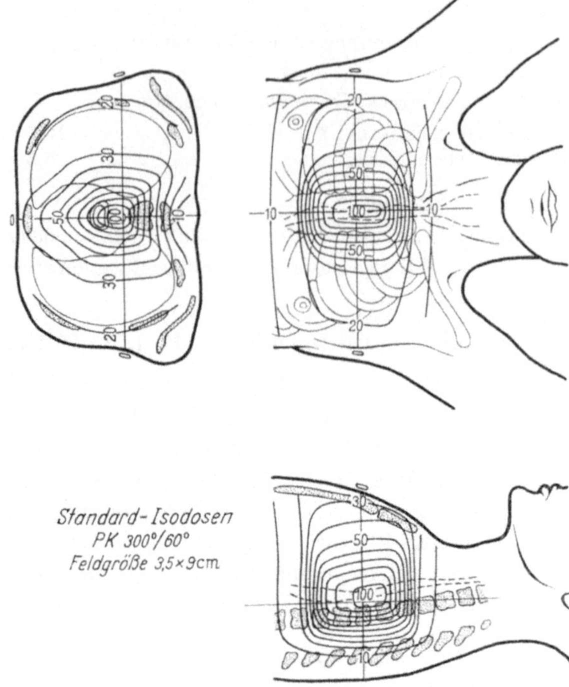

Standard-Isodosen
PK 300°/60°
Feldgröße 3,5×9cm

Oesophagus (mittlerer Abschnitt)

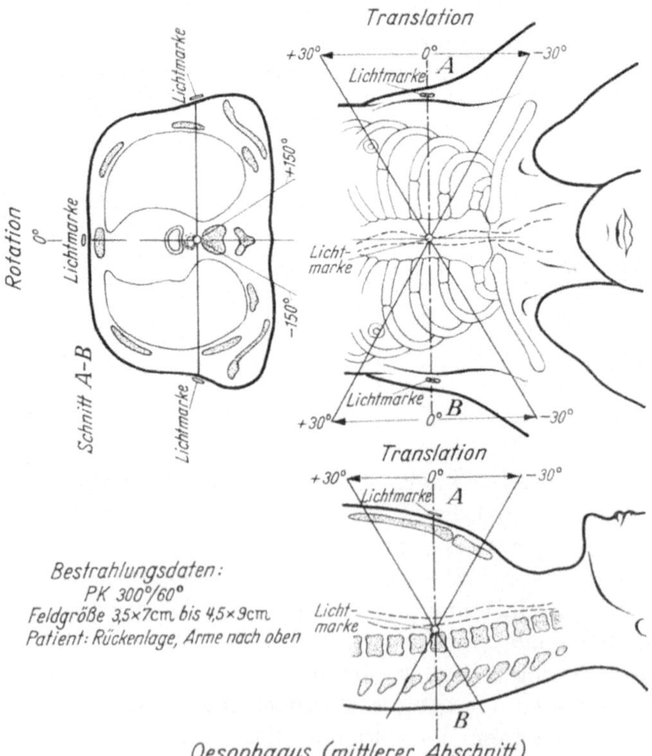

Oesophagus (mittlerer Abschnitt)

Abb. 101

Berechnungsbeispiel:

Feldgröße	6 × 18 cm
Rotationswinkel	160°
Mantelradius	9 cm
Röntgenwert	50 r/min
Oberflächendosis in % RW	67%
Oberflächendosis in r/min . . . . . 67/100 · 50	= 33,5 r/min
Bestrahlungszeit für 200 r . . . . 200 : 33,5	= 6 min

Da die Genauigkeit der rechnerischen Methode wegen der oft erheblich vom Zylinder abweichenden Form nur etwa $\pm 10-20\%$ beträgt, sollten in jedem Falle Kontrollmessungen der Oberflächendosis durchgeführt werden.

IX. Ermittlung der Dosisverteilung durch Standard-Isodosenpläne im einzelnen Bestrahlungsfall

Überblickt man die unter F. dargestellten Schwierigkeiten der Messung in Phantomen, wie auch die erzielbare Genauigkeit der Methode überhaupt, so ist der Aufwand, der schließlich doch nur die Isodosen für einen Sonderfall liefert, verhältnismäßig groß. Mit solcher Vorstellung erscheint die rechnerische und graphische Bestimmung von Isodosenbildern, wie sie insbesondere in den angelsächsischen Ländern geübt wird, sehr bemerkenswert. Es gibt hierfür verschiedene Verfahren, die teils rein rechnerisch vorgehen, teils aber auch mit Schablonen-Geräten die Isodosen graphisch ermitteln. Der Arbeitsaufwand ist in allen Fällen nicht unerheblich und das Ergebnis in jedem Falle mit dem Nachteil behaftet, daß nur wasseräquivalente Isodosen entstehen, der Einfluß von Knochen und Lufträumen also nicht berücksichtigt wird.

Die Kombination der Phantommessung, die Aufschluß über den Einfluß von Körperform und Inhomogenitäten im bestrahlten Bereich gibt, mit Dosiskalkulationen nach graphischen und rechnerischen Methoden stellt jedoch eine glückliche Lösung dieses bemerkenswert schwierigen Problems dar. Sie erlaubt es, körperähnliche Standard-Isodosenpläne in mehreren Schnittebenen herzustellen, die als Basis für die Ermittlung der Dosisverteilung im Einzelfall der Bestrahlung herangezogen werden können. Dieses ist dadurch möglich, daß sich die Abweichungen von Patient zu Patient nur auf die peripheren Isodosen auswirken. Hat der Patientenquerschnitt andere Abmessungen als der Standard-Querschnitt, so treten entsprechend der geänderten relativen Tiefendosis Isodosen mit höherem oder niedrigerem %-Wert an die Oberfläche. Die Dosisverteilung im Herdbereich

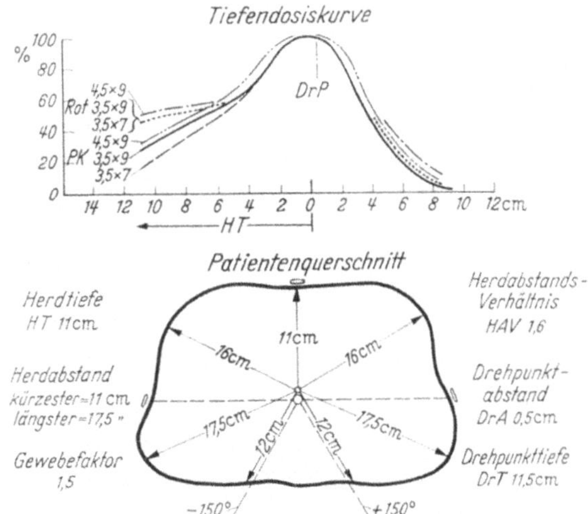

Abb. 101. „Mittlerer Oesophagus", typisches Beispiel aus dem „Atlas zur Einstelltechnik und Dosisermittlung"

bleibt jedoch praktisch unverändert. Werden daher nach den oben erläuterten Verfahren die Herddosis und die Oberflächendosis bestimmt, so ist die absolute Dosis an jeder Stelle des bestrahlten Körperabschnittes bei Anwendung der Standard-Isodosen hinreichend bekannt. Die Abb. 101 zeigt ein „Typisches Beispiel zur Einstelltechnik und Dosisermittlung" aus dem Atlas des Leitfadens. Es sind hier für einen Bestrahlungsfall die Standard-Isodosenpläne in drei Schnittebenen sowie alle Gedankengänge und Handhabungen veranschaulicht, die bei der Planung von Bedeutung sind.

F. Dosismessungen bei Bewegungsbestrahlung

Mehr als die Stehfeldbestrahlung erfordert die Bewegungsbestrahlung zur exakten Handhabung eine Kontrolle der Dosisermittlung durch Messungen am Patienten sowie einen Aufschluß über die Dosisverteilung durch Messung an homogenen und körperähnlichen Phantomen. Die meßtechnischen Forderungen sind bei der Bewegungsbestrahlung etwas anders als bei der Stehfeldbestrahlung. Die Messung in Körperhöhlen sowie die Ausmessung kleiner Felder in Wasserphantomen macht die Verwendung von dünnen, wasserdichten Schlauchkammern mit kleinem Meßvolumen erforderlich. Ferner steht die Messung der Dosis gegenüber derjenigen der Dosisleistung im Vordergrund, da eigentlich nur die während des Durchfahrens des Bestrahlungs-Winkelbereiches insgesamt an einen Punkt gelangte Dosis von Interesse ist. Die Meßeinrichtung braucht also nicht unbedingt eine Dosisleistungsanzeige zu ermöglichen; solche kann durch eine Dosismessung über eine bestimmte Zeit (1 oder 2 min) bei feststehender Röhre ersetzt werden. Eine Meßeinrichtung, die ausschließlich eine Dosisleistungsanzeige erlaubt, ist dagegen für die Zwecke der Bewegungsbestrahlung unbrauchbar. Kondiometerkammern erscheinen auf den ersten Blick sehr geeignet, denn man kann eine ganze Reihe gleichzeitig an verschiedenen Meßpunkten verteilen. Ihr Nachteil liegt jedoch einmal darin, daß es sehr schwierig ist, sie im Wasserphantom zu verwenden, und zum anderen eine ausreichende Empfindlichkeit auch eine bestimmte Größe voraussetzt. Kleinere Kammern, aus nicht luftäquivalentem Material (Leichtmetall) hergestellt, haben zwar eine wesentlich größere Empfindlichkeit, doch wird dadurch eine Wellenlängenabhängigkeit hineingebracht, die wegen der unterschiedlichen Größe und Qualität der Primär- und Streustrahlung im Phantom auch durch Korrekturfaktoren nicht hinreichend ausgeschaltet werden kann.

I. Dosismessungen am Patienten

Die Dosismessungen am Patienten dienen dazu, die rechnerisch ermittelten Dosisverhältnisse im Einzelfall zu kontrollieren sowie die aus Phantommessungen gewonnene Dosisverteilung so weit wie möglich nachzuprüfen.

1. Direkte Messung der Oberflächendosis und Herddosis (intrakavitär) am Patienten

Die bei der Stehfeldbestrahlung viel geübte Messung der Oberflächendosis während der Bestrahlung sollte auch bei der Bewegungsbestrahlung Anwendung finden. Sie bezweckt aber hier weniger, die Haut vor unmittelbaren Schädigungen

durch Überbelastung zu bewahren, sondern erfüllt die Aufgabe, indirekt die Herddosis zu überwachen. Als Meßort ergab sich bei der Stehfeldbestrahlung zwangsläufig die Mitte des Feldes. Bei der Einstrahlung mit bewegtem Feld ergibt sich
ein meist kleines Gebiet mit der höchsten Oberflächendosis im Bereich der Drehpunkttiefe. Weicht die hier gemessene Dosis merklich von der errechneten ab
($\pm 10\% - 20\%$), so liegt mit einiger Sicherheit ein Rechen- oder Einstellfehler
vor, der sich meist auch auf die Herddosis auswirkt.

Die direkte Messung der Herddosis ist nur bei Krankheitsherden in zugäng-
lichen Körperhöhlen möglich, doch werden sie meist nur für wissenschaftliche
Untersuchungen durchgeführt. Hierbei hat sich als wesentliche Fehlerquelle die
nach allen Seiten vom maximalen Wert abfallende Dosis erwiesen. Es wird immer
ein niedrigerer Wert gemessen, und zwar aus dreierlei Gründen: Einmal erfolgt
das Einführen der Schlauchkammer in praktisch allen Fällen in Richtung der
Feldlänge, die auf $1-2$ cm vom 100%-Wert bereits einen Dosisabfall um 10% bis
20% aufweist. Ferner ist das Hohlorgan meist wesentlich größer im Durchmesser,
so daß sich die Kammer an eine Seite — der Schwere oder einem Drall folgend —
anlehnt. Schließlich befindet sich eine sorgsamst unter Durchleuchtungskontrolle
eingestellte Meßkammer nur in der Rotationsachse und nicht im Dosismaximum.
Man kann also mit einiger Sicherheit annehmen, daß auch diese Methode eine
Abweichung bis über -20% ergibt. Für Kontrollmessungen in einem dem
Krankheitsherd benachbart liegenden Hohlorgan trifft dieses gleichermaßen zu.
Bei der Bestrahlung eines Herdes an der Beckenwand (Abb. 31) läßt z. B. eine
Messung in Rectum, Vagina oder Blase kaum einen einigermaßen sicheren Schluß
auf die Höhe der Herddosis zu; denn im Bereich dieser Hohlorgane erfolgt ein
Dosisabfall von 60% auf 20% des maximalen Wertes.

2. Indirekte Dosismessung am Patienten mit Hilfe der Durchgangsdosis

Unter der Durchgangsdosis versteht man den nach Durchstrahlung des
Objektes in einer bestimmten Entfernung noch vorhandenen Teil der Primärstrahlung. Sie wird mit einer empfindlichen Kammer hinter dem Objekt gemessen,
die so angeordnet ist, daß sie weder vom Objekt noch sonstigen Gegenständen
Streustrahlung empfangen kann (über 10 cm Abstand).

a) Prinzip der Durchgangsdosismessung

In Abb. 102 ist das Schema des Meßvorganges dargestellt, das der Durchgangs-
dosismessung zugrunde liegt. Vom Röhrenfokus geht ein ausgeblendetes Strahlen-

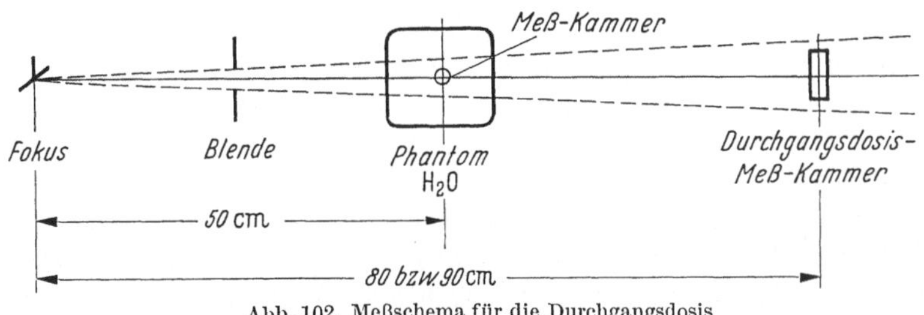

Abb. 102. Meßschema für die Durchgangsdosis

bündel durch ein Plexiglas-Wasserphantom, in dessen Mitte sich z. B. in 50 cm
Fokus-Abstand eine Meßkammer befindet. Die das Phantom durchsetzende

Strahlung wird z. B. in 80 cm Fokus-Abstand mit Hilfe der Durchgangsdosis-
meßkammer bestimmt. Geht man von diesen geometrischen Bedingungen sowie
einer Feldgröße von 3 × 8 cm bzw. 3,5 × 7 cm (25 cm²) als Basiswert aus, so
ergeben sich für verschiedene Phantomdurchmesser die in Abb. 103 dargestellten
Beziehungen. Dieses Nomogramm läßt sich in zweifacher Weise auswerten.

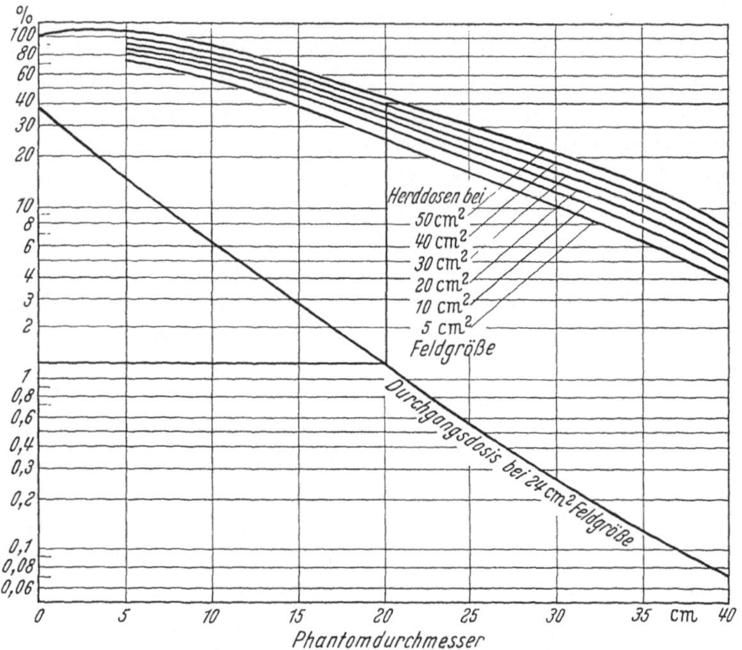

Abb. 103. Nomogramm zur Berechnung der Herddosisleistung aus der Durchgangsdosis
(nach NEUMANN und WACHSMANN)

Einmal erlaubt die Durchgangsdosis, auf die Höhe der Dosis im Phantommittelpunkt zu schließen, d. h., auf den Patienten übertragen, die Herddosis zu bestimmen. Zum anderen kann man aus dem Durchmesser eines nicht wasseräquivalent
absorbierenden Körpers und der gemessenen Durchgangsdosis den Korrekturfaktor für die Gewebeabsorption ermitteln und bei der Berechnung der Herddosis
berücksichtigen.

b) Bestimmung der Herddosis aus der Durchgangsdosis

Der besondere Vorteil dieser Methode liegt darin, daß die Auswirkung nicht
wasseräquivalent absorbierender Gewebe bei dieser Herddosisbestimmung berücksichtigt wird. Absorbiert das Gewebe stärker als Wasser, so wird sowohl die am
Herd als auch die den ganzen Querschnitt durchsetzende und als Durchgangsdosis
gemessene Strahlung geringer bzw. bei schwächer absorbierendem Gewebe in
beiden Fällen größer. In fast allen Fällen tritt jedoch die Komplikation hinzu,
daß einmal der Patient in der Durchstrahlungsrichtung nicht gleichmäßig absorbiert und zum anderen der Herd nicht immer genau in der Mitte des Körpers
liegt. Bei gleichbleibender Durchgangsdosis erhält der Herd dann bei Einstrahlung
aus entgegengesetzten, also um 180° verschiedenen Richtungen eine unterschied-

liche Dosis. Erst der Mittelwert aus beiden entspricht angenähert der aus der gemessenen Durchgangsdosis und der graphischen Darstellung Abb. 103 ermittelten Herddosis. Um diese Forderung zu erfüllen, muß der Herd während der Bestrahlung jeweils aus den entgegengesetzten Richtungen bestrahlt werden. Auf die Bewegungsbestrahlung übertragen, heißt dieses, daß die Methode der Herddosisbestimmung aus der Durchgangsdosis nur bei zentraler Herdlage sowie für einen großen Winkelbereich von 300°—360° oder für Bestrahlung über zwei gleich große um 180° gegenüberliegende Teilwinkel Gültigkeit hat. Die Methode ist daher nur auf wenige Indikationen beschränkt und auch vorwiegend nur für den Oesophagus verwendet worden. Vergleichsmessungen haben aber auch in diesem besonders günstigen Fall sowohl beim gleichen Patienten in verschiedenen Abschnitten des Oesophagus als auch von Patient zu Patient Fehler von 10% bis 20% ergeben. Größere beobachtete Abweichungen werden auf die zwangsläufige Ungenauigkeit der zum Vergleich herangezogenen intrakavitären Messungen zurückzuführen sein.

Zur Bestimmung der mittleren Durchgangsdosisleistung lassen sich, wie bei der rechnerischen Herddosisleistung, drei Wege aufzeigen:

Die genaueste, aber auch zeitraubendste Methode ist eine Durchstrahlung des Körpers in Abständen von 20°—30°, aus Symmetriegründen am besten 22,5° bei feststehender Röhre und die Bildung des arithmetischen Mittels nach folgendem Beispiel des Oesophagus (nach ROSSMANN):

Beispiel

Durchstrahlungs-richtung in Winkelgraden	Durchgangs-dosisleistung in r/min		
0 —180	0,50	Arithmetisches Mittel (r/min-	
22,5—202,5	0,66	Werte addiert und durch die	
45 —225	0,83	Zahl der Messungen dividiert)	6,71 : 8
67,5—247,5	0,97		
90 —270	1,14	ergibt die mittlere Durchgangs-	
112,5—292,5	1,06	dosisleistung	0,84 r/min
135 —315	0,93		
157,5—337,5	0,62		

Zur Vereinfachung dieses etwas komplizierten Verfahrens kann man sich auf zwei Messungen der extremen Verhältnisse analog dem „Herdabstandsverhältnis" beschränken. Das arithmetische Mittel der beiden Extremwerte ergäbe dann:

Beispiel

Durchstrahlungs-winkelrichtung in Winkelgraden	Durchgangs-dosisleistung in r/min		
		Arithmetisches Mittel	1,64 : 2
		ergibt die mittlere Durchgangs-	
		dosisleistung	0,82 r/min
0—180	0,50		
90—270	1,14		

Der Unterschied beider Methoden beträgt etwa 2%, liegt also weit unter der Genauigkeit der Methode überhaupt.

Am häufigsten wird die Integral-Durchgangsdosis während der Bewegungsbestrahlung bestimmt.

Bestrahlungszeit . . . . 4′ 24″ = 4,4′
Integral-Durchgangsdosis . . . . 3,7 r
Mittlere Durchgangsdosisleistung . . . . . 3,7 : 4,4 = 0,84 r/min

Die Messung muß unter den Bedingungen vorgenommen werden, die dem Nomogramm oder Tabellen zugrunde liegen. Es sind dieses der Fokus-Drehpunkt-Abstand 50 cm, der Fokus-Meßkammer-Abstand 80 oder 90 cm, die Feldgröße 3 × 8 cm oder 3,5 × 7 cm sowie Halbwertschicht und Dosis frei in Luft in 50 cm (Röntgenwert). Sind die Dosiswerte auf Prozent des Röntgenwertes bezogen, so muß aus der mittleren Durchgangsdosisleistung in r/min die Durchgangsdosis in Prozent des Röntgenwertes (RW) bestimmt werden.

Mittlere Durchgangsdosisleistung . . . . 0,84 r/min
Röntgenwert (RW) . . . . 70 r/min

$$\text{Durchgangsdosis in } \% \text{ RW} \quad . \quad \frac{0,84 \times 100}{70} = \quad 1,2\%$$

Aus der Abb. 103 ergibt sich in der dicken Strich-Winkel-Linie für eine Feldgröße von 4,5 × 9 cm (40 cm²) eine Herddosis in Prozent RW von 40%. Daraus ergibt sich für den obigen Röntgenwert von 70 r/min:

$$\text{Mittlere Herddosisleistung} \quad . . . . . \frac{70 \times 40}{100} = 28 \text{ r/min}$$

$$\text{Bestrahlungszeit für 200 r} \quad . . \quad \frac{200}{28} = 7,15′ = 7′\ 8″$$

Etwas einfacher gestaltet sich die Dosisberechnung, wenn man eine auf den verwendeten Röntgenwert basierende Dosistabelle (Tab. 15) verwendet. Aus der ermittelten Durchgangsdosisleistung läßt sich dann unmittelbar die Herddosisleistung ablesen.

Tabelle 15. *Herddosisleistungen in Abhängigkeit von der Durchgangsdosisleistung in FKA 90 cm und der Feldgröße bei der Rotationsbestrahlung.* Angaben für einen Röntgenwert von 100 r/min bei einer Halbwertschicht von 0,7 mm Cu (Auszug)

DD	Feldgröße in cm²				
r/min	20	30	40	50	75
2,0	48	52	58	62	70
1,5	43	46	50	56	63
1,0	35	38	41	46	53
0,9	33	36	39	44	50
0,8	31	34	37	41	47
0,7	29	32	35	38	44

c) Bestimmung der Gewebeabsorption aus der Durchgangsdosis

Bei den oft großen individuellen Schwankungen der Absorptionsverhältnisse im Körper, insbesondere im Thoraxbereich (Tab. 8), ist es wünschenswert, den Absorptionsunterschied gegenüber Wasser im Einzelfall durch eine Messung zu erfassen.

Nach Tab. 16 ist jedem Wasserphantom-Durchmesser eine bestimmte Durchgangsdosisleistung zuzuordnen. Ist die gemessene Durchgangsdosisleistung bei gleichem Durchmesser des durchstrahlten Körperabschnittes höher, so absorbiert der Körper weniger, ist sie niedriger, so absorbiert er stärker als Wasser. Aus der gemessenen Durchgangsdosisleistung läßt sich in Tab. 16 der wasseräquivalente Durchmesser ablesen. Aus dem Durchmesser des Körperabschnittes und dem wasseräquivalenten Durchmesser läßt sich dann ein Faktor bestimmen, mit dem die Herdtiefe multipliziert werden muß, um die wasseräquivalente Herdtiefe zu erhalten.

Tabelle 16. *Durchgangsdosisleistung in r/min in Abhängigkeit von der Phantomdicke und dem Röntgenwert bei Achsenfeldgröße 3,5 × 7 cm = 25 cm² und HWS 0,7 mm Cu (Auszug)*

Wasseräqui-valenter Durch-messer cm	Durchgangsdosisleistung in r/min bei FKA 90 cm		
	10 r/min	50 r/min	100 r/min
10	0,52	2,6	5,2
12	0,36	1,8	3,6
14	0,26	1,3	2,6
16	0,19	0,95	1,9
18	0,14	0,7	1,4
20	0,095	0,48	0,95
22	0,071	0,36	0,71
24	0,052	0,26	0,52
26	0,04	0,2	0,4
28	0,028	0,14	0,28
30	0,021	0,11	0,21

Beispiel

Durchmesser des Körperabschnittes . . . . 24 cm
Röntgenwert bei der Messung . . . . 50 r/min
Durchgangsdosisleistung . . . . 0,95 r/min
Wasseräquivalenter Durchmesser . . . . . 16 cm

$$\frac{\text{Wasseräquivalenter Durchmesser}}{\text{Durchmesser des Körperabschnittes}} = \frac{16}{24} = 0,66$$

Gewebekorrekturfaktor für HT. 0,66

II. Dosismessungen am Phantom

Der prinzipielle Unterschied zwischen Stehfeldbestrahlung und Bewegungsbestrahlung kommt auch bei der Phantommessung zum Ausdruck. Bei der Stehfeldbestrahlung kann in vielen Fällen die zur Einstrahlung verwendete Oberfläche als eben angesehen werden. Diese für eine Phantommessung günstige Voraussetzung ist bei der Bewegungsbestrahlung nicht mehr gegeben. Da bei jeder Bestrahlung ein großer Teil der Körperoberfläche erfaßt wird, muß es sich bei den Phantomen für Bewegungsbestrahlung grundsätzlich um Körper mit gekrümmter Oberfläche handeln. Je nach der gestellten Aufgabe lassen sich hier zwei unterschiedliche Arten von Phantomen nennen:

1. Regelmäßig geformte, homogene Phantome zur Untersuchung der physikalischen und methodischen Besonderheiten der verschiedenen Bestrahlungsmethoden und Bestrahlungsbedingungen.

2. Körperähnliche Phantome mit eingebauten Knochen und Lufträumen zur Klarlegung der durch Körperformen und unterschiedlich absorbierende Gewebsschichten auftretenden Abweichungen in der Dosisverteilung.

1. Meßtechnik und Phantommaterial

Die Voraussetzungen, die das Dosimeter für solche Messungen erfüllen muß, sind bereits oben erörtert. Für orientierende Messungen hat sich der Film (folienloser Film) sehr bewährt. Man gewinnt so schnell einen Überblick über die Dosisverteilung und kann danach die Meßpunkte für die Messung mit der Ionisationskammer festlegen. Der Film wird für diesen Zweck mit der Verpackung in die Querschnitt- bzw. Längsschnittebene eines geteilten Festkörperphantoms (z. B. Paraffin) gelegt und diese dann, am besten mit Hilfe einer Schraubzwinge, fest aufeinandergepreßt. Immer wird trotzdem ein schmaler Spalt verbleiben, in den die Primärstrahlung weit eindringen kann, was an der unregelmäßigen und streifigen Schwärzung erkennbar wird. Beim Querschnitt kann man unter der Bedingung der Rotationsbestrahlung diese Schwierigkeiten durch

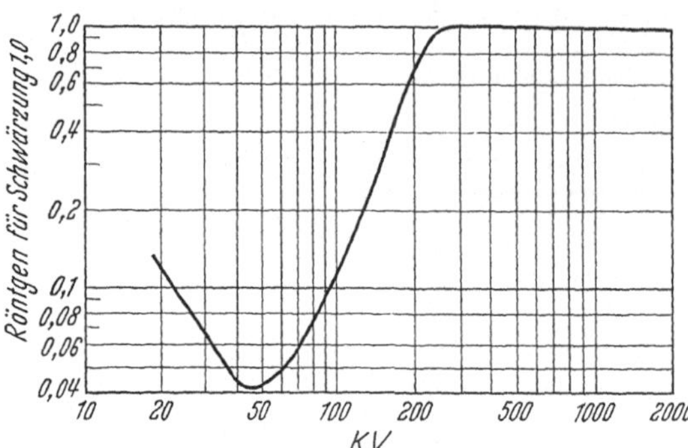

Abb. 104. Abhängigkeit der Filmschwärzung von der Strahlenqualität(nach SEEMANN)

Einstrahlung unter einem Translationswinkel von 5° umgehen, ohne daß sich die Dosisverteilung ändert. In allen anderen Fällen, insbesondere im Längsschnitt, kann man den Spalt mit einem 1—2 cm breiten Bleistreifen von 1—2 mm Dicke abdecken. Einer genauen Auswertung der Filmschwärzung stellt sich als prinzipielle Schwierigkeit die Abhängigkeit der Schwärzung von der Strahlenqualität entgegen. Abb. 104 zeigt, daß bei 200—250 kV sicher die Sekundärstrahlung merklich schwächer zur Darstellung kommt, während z. B. bei Cobalt[60] durchaus die Möglichkeit einer exakten photometrischen Auswertung besteht.

Da der Bewegungsvorgang eine bestimmte Zeit — bei der Pendelkonvergenz z. B. 9 min — beansprucht, muß die Dosisleistung stark reduziert werden. Bei konventionellen Röntgenstrahlen kann man durch Verminderung des Röhrenstromes die Dosisleistung auf einige r/min herab-

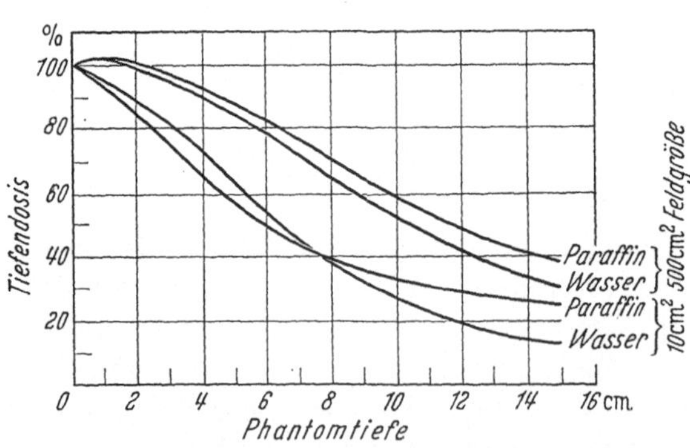

Abb. 105. Einfluß des Phantommaterials auf die Tiefendosis (nach HEILMEIER, WACHSMANN)

setzen, während bei Cobalt[60] 1—2 cm Blei in den Strahlengang gebracht werden müssen, um den gleichen Effekt zu erzielen. Für die Verwendung der Filmmeßmethode im Wasserphantom besteht die Schwierigkeit des wasserdichten Abschlusses, so daß man zwangsläufig auf die Festkörperphantome angewiesen ist. Damit tritt die Frage der Wasseräquivalenz auf, die gleichermaßen für die Messung mit Ionisationskammern von Bedeutung ist. Von den häufig verwendeten Phantommaterialien — Paraffin und Wachs — ist bekannt, daß eine merkliche Abweichung zwischen diesen und Wasser besteht. Durch Zusätze von Leichtmetallverbindungen hat man versucht, eine wasseräquivalente Mischung herzustellen. In der Praxis hat sich dieses als nicht sehr einfach erwiesen, da der Zusatz nur geringfügig ist und so leicht eine inhomogene Masse entsteht. Darüber hinaus ist eine bei großen Feldabmessungen erzielte wasseräquivalente Absorption wegen des unterschiedlichen Streustrahlenanteils nicht gleichbedeutend mit einer solchen bei kleinen Feldabmessungen, wie sie häufig bei der Bewegungsbestrahlung verwendet werden. So zeigt die Abb. 105, daß z. B. bei einer Feldgröße von 10 cm^2 und einer Tiefe von 15 cm in Wasser die relative Tiefendosis nur die Hälfte von derjenigen in Paraffin beträgt, während sie in 4 cm Tiefe gerade umgekehrt 10% höher liegt.

Die Undurchsichtigkeit der Festkörperphantome macht oft eine Kontrolle der Lage der Meßkammern schwierig. Dieses gilt insbesondere für körperähnliche Phantome mit eingebauten Knochen, da die Meßpunkte weniger nach geometrischen als vielmehr nach anatomischen Gesichtspunkten angeordnet werden.

Wirklich exakte und vergleichbare Messungen lassen sich daher nur in Wasserphantomen mit Plexiglashüllen (3—4 mm Wandstärke) erreichen. Darüber hinaus läßt die Messung in Wasser eine beliebig enge Anordnung der Meßpunkte zu, die in festem Material durch die Notwendigkeit der Anbringung von verschließbaren Meßkanälen auf Schwierigkeiten stößt.

2. Regelmäßig geformte, homogene Phantome

Als solche sind das Zylinderphantom und das Ovalphantom zu nennen. Für ihre Abmessungen sind zweierlei Gesichtspunkte maßgeblich: einmal müssen sie sich an die Größenordnung der bestrahlten Körperabschnitte halten und zum anderen dürfen die Abmessungen nicht zu groß werden, da sonst durch übermäßige Verminderung der Dosisleistung im Phantominneren die Genauigkeit der Messung leidet. Nach den bisherigen Erfahrungen erfüllen diese Bedingungen am besten ein Zylinderphantom mit 24 cm Durchmesser und ein Ovalphantom von 20 × 30 cm. Die Dosisleistung in der Phantommitte ist bei vollem Rotationswinkel für beide Phantome gleich und beträgt je nach Feldabmessung 20—30% der Dosisleistung frei in Luft im Drehpunkt. Außer dieser Dosisgleichheit hat sich der 24 cm-Durchmesser noch aus der Zweckmäßigkeit ergeben, daß der Radius eine gerade, ganzzahlige Zahl sein muß, in diesem Falle 12 cm. Ein Phantom mit 20 cm Durchmesser, also 10 cm Radius, entspricht nicht mehr ganz den Körperabmessungen; denn bei 10 cm Drehpunkttiefe sind nur noch Teilwinkel von 120°—240° interessant, die am Ovalphantom ausgemessen werden. Der Durchmesser von 25 cm erscheint als Zahl vielleicht ansprechender, führt aber als Radius zu dem unzweckmäßigen Wert von 12,5 cm. Bei einem Zylinderphantom von 30 cm Durchmesser ist die Dosisleistung in der Phantommitte bereits auf 10—20% vermindert, so daß man es aus den oben genannten Gründen nur in Sonderfällen verwenden wird.

Ein nicht zu unterschätzendes Problem stellt bei den Wasserphantomen das Hinführen sowie die exakte und reproduzierbare Halterung der Meßkammer in einem gewählten Meßpunkt dar. Dieses läßt sich durch einen in das Plexiglas-Wasserphantom einsetzbaren Meßkanal für die Schlauchkammer in der in Abb. 106 gezeigten Weise lösen. Von diesem Meßkanal greift je ein Bügel um die Stirnwände des Phantomkörpers nach außen herum. In diesen Bügeln ist in der Verlängerung des Meßkanals beiderseits ein Stift angebracht, der in eine ebenfalls an beiden Stirnseiten außen angebrachte und auf die Phantomachse zentrierte Lochplatte einrastet. In diese Lochplatten sind in der Horizontalen wie auch in der Vertikalen Löcher in 1 cm Abstand eingebohrt und von der Mitte aus alle 5 cm parallele Striche eingraviert. Auf beiden Stirnseiten entsteht so ein übersichtliches Netz von korrespondierenden Meßpunkten, in deren Verbindungslinien sich der Meßkanal leicht und jederzeit reproduzierbar bringen läßt. Der Meßkanal selbst besitzt, von der Mitte ausgehend, Striche in 1 cm Abstand eingraviert, die alle 5 cm verstärkt sind. Zur besseren Erkennbarkeit werden alle Striche rot gekennzeichnet. Ebenfalls werden mindestens alle 5 cm (zwischen den Strichen) Löcher von etwa 2—3 mm Durchmesser von oben nach unten durchgebohrt, damit

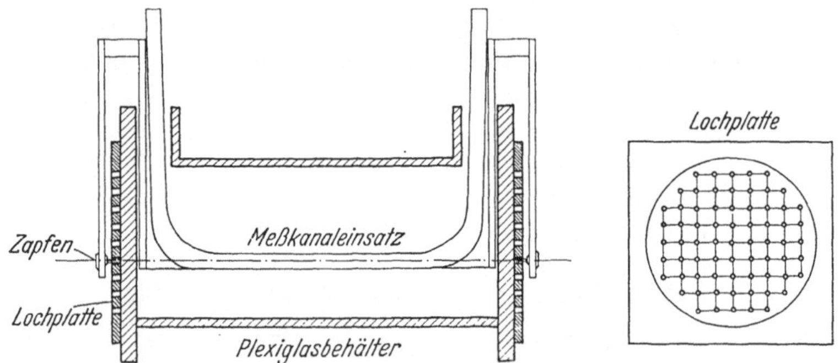

Abb. 106. Standard-Plexiglas-Wasserphantom mit Meßkanal und Lochplatten-Meßsystem

beim Einsetzen das Wasser leicht in den Meßkanal eindringen und die Luft entweichen kann. Die sich nach einigen Tagen an den Innenwänden des Plexiglases bildenden und die Sicht behindernden kleinen Luftblasen können vollständig nur durch Wasserwechsel beseitigt werden.

Vor die Lochplatten läßt sich eine mit dem geplanten Meßschema vorgelochte Lochkarte anbringen, so daß die oft zeitraubenden Phantommessungen ohne Gefahr von Irrtümern auch von Hilfspersonal durchgeführt werden können und gleichzeitig ein Dokument vorliegt, in das die Meßwerte in ihrer geometrischen Zuordnung eingetragen werden können.

Bei diesen regelmäßig geformten Phantomen hat sich zur Lagebestimmung der Meßpunkte eine Darstellung im Koordinatensystem bewährt. Hierbei wird zuerst der Wert der Abszisse und dann — durch einen Schrägstrich getrennt — der Wert der Ordinate geschrieben (z. B. $-3/+5$), wodurch die Lage in einer Schnittebene eindeutig festgelegt ist. Durch Hinzufügen der Anfangsbuchstaben Q und L für Quer- und Längsschnitt (z. B. $Q -3/+5$ oder $L -2/+5$) sowie eines Indexes für die Nebenschnittebenen (z. B. $Q_{+3} -3/+5$) läßt sich eine immer reproduzierbare Darstellungsweise in den verschiedenen Ebenen gewinnen, die als Zahlenfolge in ein Protokoll eingetragen werden kann.

3. Körperähnliche, inhomogene Phantome

Andersgeartete Probleme werfen die körperähnlichen Phantome auf. Auch hier sollten nur dünnwandige, der Körperform entsprechende Plexiglashüllen mit

Wasserfüllung Anwendung finden, in die im Vakuum paraffinierte Knochen eingelassen sind.

Die am regelmäßig geformten Plexiglasphantom gezeigte Verwendung eines exakt verstellbaren Meßkanals läßt sich beim körperähnlichen Phantom nicht durchführen. Zu einem Teil bieten die eingebauten Knochen eine reproduzierbare Orientierung für die Meßkammer. Für die Ausmessung der Isodosen zwischen den Knochen stellt das Spannen von Fäden in den auszumessenden Ebenen eine sehr gute Lösung dar. Durch zentimeterweise Markierungen oder kreuzweises Spannen läßt sich eine sehr genaue Lagebestimmung der Meßpunkte erreichen. In manchen Fällen ist es jedoch meßtechnisch günstiger, wenn man mehrere Plexiglasröhrchen in geeigneter Weise in das Phantom einbaut. Sie erlauben dann in ähnlicher Weise wie bei dem Zylinder- und dem Ovalphantom eine sichere Führung der Schlauchkammer zu den vorher festgelegten Meßpunkten. Da die Meßkanäle sich in diesem Falle automatisch mit Wasser füllen, entfällt das bei den Festkörperphantomen oft schwierige Verschließen der jeweils nicht zur Messung verwendeten Bohrungen.

Das Abdomen-Phantom ist relativ einfach, und die Herstellung und meßtechnische Handhabung bereiten keine grundsätzlichen Schwierigkeiten.

Weniger einfach liegen die Verhältnisse beim Thorax-Phantom. Hier liegen Knochen, wasseräquivalentes Gewebe und stark lufthaltige Räume sehr nahe und unsymmetrisch beieinander. Ersetzt man in einem Plexiglas-Thoraxphantom das wasseräquivalente Gewebe durch Bolus, die Lunge z. B. durch Schwammgewebe oder ähnlich luftäquivalent absorbierende Stoffe und bringt schließlich noch den knöchernen Thorax hinein, so können bestenfalls noch intrakavitäre Dosismessungen im Oesophagus bzw. der Trachea vorgenommen werden. Das Einführen einer Schlauchkammer zur systematischen Ausmessung eines Isodosenplanes im Thoraxquerschnitt dürfte nahezu unmöglich sein. Bedenkt man jedoch, daß gerade im Thoraxbereich die Variationsbreite der Absorptionsverhältnisse von Patient zu Patient sehr groß ist, so erscheint ein für Dosismessungen vereinfachtes Thoraxphantom durchaus tragbar. Da die nahezu luftäquivalenten Lungen in der Gesamtabsorption dominieren, werden die Rippen relativ nur wenig Einfluß ausüben. Da bei Bestrahlung am liegenden Patienten die Wirbelsäule durch Begrenzung des Rotationswinkels auf 270—300° ausgespart wird, kann man unter Berücksichtigung der obigen Vorstellung auf den Einbau von Knochen völlig verzichten. Es sind dann lediglich die beiden Lungen aus einer dünnen Plexiglashülle nachzuformen und lagerichtig in eine dem Thorax nachgeformte Plexiglashülle hineinzubringen. Meßtechnisch ist dann für die wassergefüllten Bereiche unterhalb des Zwerchfells, im Mediastinum und in der wegen des Fehlens der Rippenknochen und Schulterblätter entsprechend reichlich bemessenen Thoraxwand ein Zugang von dem durch eine Plexiglasplatte abgeschlossenen Abdomen und Halsstumpf her möglich. Für die luftgefüllten Plexiglas-Lungen wird ein Zugang von der Schulter her durch die als Plexiglasrohre ausgebildeten Halterungen geschaffen.

Das Fortlassen der Knochen im Thorax hat noch den großen Vorteil, ein Standard-Thorax-Phantom zu schaffen. Beim Einbau von Knochen muß sich dagegen die Plexiglashülle nach dem vorhandenen Skeletteil richten. Das Beckenphantom macht hier relativ geringe Schwierigkeiten, da die Abmessungen der Beckenknochen nicht so sehr schwanken und der Abstand zur Oberfläche durch

Fettunterlage sowieso variiert. Beim Thorax ist der Spielraum durch die geringe Dicke der Thoraxwand aber so klein, daß in jedem Falle sowohl die äußere Plexiglashülle als auch die Plexiglashülle für die Lungen dem Skelet angepaßt werden müssen. Ein so mit eingebauten Knochen gestaltetes Thoraxphantom wäre aber genau so wie das oben erläuterte Standard-Phantom ein Sonderfall im Bereich der am menschlichen Thorax vorkommenden Unterschiede.

Die gleiche Vereinfachung durch Fortlassen der Halswirbelsäule kann auch beim Kehlkopfphantom durchgeführt werden; denn der Rotations-Winkelbereich beträgt höchstens 240°. Der lufthaltige Kehlkopf kann als Plexiglashohlraum geformt werden. Sein Einfluß auf die Dosisverteilung ist jedoch so gering, daß er auch in Fortfall kommen kann.

Wohl die größten Schwierigkeiten bereitet die Herstellung von Schädelphantomen. Hier ist die Undurchsichtigkeit der Schädelkapsel a priori gegeben und läßt sich durch Plexiglas nicht ohne weiteres umgehen. Die Verwendung von Wasser als Phantommaterial erscheint damit nicht gegeben. Eine Modellierung der Weichteile des Kopfes aus Paraffin oder Wachs bedeutet sicher keine Beeinflussung der Meßergebnisse. Bei der Ausfüllung des interkraniellen Raumes mit Wachs bzw. Paraffin oder Reis mit Kartoffelmehl ist eine Abweichung von einem gleichgeformten Wasserphantom mit Knochen sicher zu erwarten. Wenn man jedoch bedenkt, daß die bei interkraniellen Bestrahlungen auftretende Knochenabsorption bei 200 kV, 0,5 mm Cu-Filter 10—20% einer Herddosis entspricht, die auch bei einer Veränderung der Herdtiefe von nur etwa 1 cm auftritt, so werden die gewonnenen Isodosen durchaus zuverlässig sein. Bei 250 kV und Thoraeus-Filter ist der Einfluß der Absorption bei Bestrahlungen im Bereich der Schädelkapsel bereits unter 5% gesunken, also praktisch zu vernachlässigen. Ohne wesentlichen Fehler kann dann der interkranielle Raum als Plexiglas-Wasserphantom hergestellt werden.

G. Begriffe und Definitionen bei Bewegungsbestrahlung

Durch die Bewegungsbestrahlung hat die Methodik der Röntgentherapie eine bedeutende Erweiterung ihres Wortschatzes erfahren. Recht seltsame Wortgebilde haben sich dabei ergeben, die mehr den Eindruck des Zufalls als das Streben nach Eindeutigkeit und die Suche nach absoluten Begriffen erkennen lassen. Zu einem großen Teil hat dabei die jeweilige technische Lösung des Bewegungsvorganges Pate gestanden. Es ist nur zu verständlich, daß einer solchen Nomenklatur sofort der Boden entzogen wird, wenn der Fortschritt in der Technik eine zweckmäßigere Lösung erlaubt. So ist z. B. der Richtungswechsel der Bewegung bei den sog. Pendelgeräten eine technische Lösung, die vom strahlentherapeutischen Standpunkt niemals angestrebt worden ist. Erwünscht ist ein einmaliges Durchfahren des vorgesehenen Winkelbereiches während der ermittelten Bestrahlungszeit und nicht etwa ein $2^2/_3$ maliges Durchfahren. Die neueren Geräte dieses Typs haben alle eine veränderliche Geschwindigkeit, d. h. der Stand der technischen Entwicklung erlaubt heute, ohne großen Aufwand die genannte strahlentherapeutische Forderung zu erfüllen. Damit haben sich das Wort „Pendeln" und die Unmenge mit ihm gekoppelten Wörter als keine absoluten Begriffe erwiesen.

Nachfolgend sollen die im vorliegenden „Leitfaden" verwendeten Begriffe zusammengestellt und erläutert werden, so weit dieses in den vorangegangenen Kapiteln nicht geschehen ist.

I. Geometrie des Bewegungsvorganges

Die Grundformen der Bewegungsbestrahlung lassen sich auf zwei Begriffe zurückführen:

Rotation: Bewegung auf einer Kreisbahn (Technisch: Drehung, Drehbewegung).

Konvergenz: Zusammenstreben aus verschiedenen Richtungen auf einen Punkt.

Daraus ergibt sich eine Zweiteilung der Methoden der Bewegungsbestrahlung:

Rotationsbestrahlung: Bewegungsbestrahlung, bei der der Zentralstrahl (senkrecht) in einer Ebene auf einen Punkt der Rotationsachse (Drehpunkt) einstrahlt.

Konvergenzbestrahlung: Bewegungsbestrahlung, bei der der Zentralstrahl in mehr als einer Ebene auf einen Punkt (Konvergenzpunkt) einstrahlt.

Alle Bewegungsformen der Bestrahlungsgeräte sind technische Sonderfälle. Dabei spielen noch zwei Bewegungsvorgänge eine Rolle:

Pendeln: Ungleichförmige Bewegung auf einer Kreisbahn mit Wechsel der Bewegungsrichtung

Translation: Geradlinige Bewegung parallel zur Rotationsachse.

Technische Sonderfälle der Bewegungsbestrahlung

Rotationsbestrahlung

Drehstuhlmethode: Röhrenfokus ist fixiert, und der Patient wird auf einem Stuhl gedreht.

Pendelmethode: Der Rotationswinkel wird durch Wechsel der Bewegungsrichtung mehrfach durchlaufen.

Vollrotation: Ein Rotationswinkel von 360° wird einmal während der Bestrahlung durchfahren.

Teilrotation: Ein Rotationswinkel kleiner als 360° wird einmal während der Bestrahlung durchfahren.

Der Rotationswinkel von 360° hat seinen Ursprung in dem technischen Sonderfall der Drehstuhlmethode. Therapeutisch ist immer ein kleinerer Winkel angezeigt. Selbst beim Oesophagus wird man die Wirbelsäule immer aussparen und sich mit einem Rotationswinkel von 240°—300° begnügen. Die Entwicklung geht also dahin, unter Rotationsbestrahlung das oben unter Teilrotation Definierte zu verstehen.

Konvergenzbestrahlung

Kegelkonvergenzmethode: Der Zentralstrahl bewegt sich auf einem Kegelmantel (Technisch gelöst durch Drehtisch mir horizontal liegendem Patienten und festem, schräggestellten Zentralstrahl bei Hochvoltanlagen.)

Spiral-Kegelkonvergenzmethode: Der Zentralstrahl strahlt spiralförmig einen Kegel von der Peripherie zur Mittelachse aus. (Technisch gelöst durch eine Kreis- und Radialbewegung.)

Pendelkonvergenzmethode: Der Zentralstrahl strahlt zick-zack-förmig eine Pyramide von einer Seitenfläche zur gegenüberliegenden Seitenfläche aus. (Technisch gelöst durch Überlagerung eines schnellen Pendelns und einer langsamen Translation mit gleichzeitiger Konvergenz, d. h. veränderlichem Translationswinkel.) Da die Pendelkonvergenz einen Wechsel der Bewegungsrichtung in Rotation zur Voraussetzung hat, ist hier der Begriff Pendeln unabhängig von einem technischen Entwicklungsstand, also ein absoluter Begriff. Will man aber die Ableitung dieser Methode von der Rotation kennzeichnen, so müßte man den Begriff „Rotations-Konvergenz" wählen.

Varianten der Rotationsbestrahlung

Schrägrotation: Rotation, bei der der Zentralstrahl schräg zur Rotationsachse unter einem konstanten Translationswinkel auf den Drehpunkt ausgerichtet ist.

Intermittierende (halbautomatische) Pendelkonvergenz: Schrägrotation mit einem von Sitzung zu Sitzung systematisch (z. B. um 2°) über den ganzen Konvergenzbereich veränderten Translationswinkel.

Konvergente Rotation: Schrägrotation mit zwei konvergent auf einen Punkt ausgerichteten Strahlenbündeln.

Tangentialrotation: Rotation mit seitlich von der Rotationsachse ausgelenkten und tangential auf eine Mantelzone (z. B. Körperoberfläche) ausgerichteten Strahlenkegel.

Varianten der Konvergenzbestrahlung

Axiale Pendelkonvergenz: Pendelkonvergenz, bei der der Drehpunkt unbeweglich ist und mit dem Konvergenzpunkt auf der Rotationsachse zusammenfällt.

Transaxiale Pendelkonvergenz: Pendelkonvergenz, bei der der Konvergenzpunkt, vom Fokus aus gesehen, jenseits der Rotationsachse liegt und der Drehpunkt mit der Konvergenzbewegung auf der Rotationsachse entlang wandert. Dieser Weg des Drehpunktes ist etwa gleich dem transaxialen Abstand des Konvergenzpunktes.

Aus den Bewegungsvorgängen ergeben sich folgende Definitionen:

Rotationsachse: Achse, um die die Röhre bzw. der Fokus bei der Rotation bewegt wird (Drehachse).

Rotationsebene: Ebene senkrecht zur Rotationsachse.

Rotationsmittelpunkt: Schnittpunkt der Rotationsebene mit der Rotationsachse.

Drehpunkt: Schnittpunkt des Zentralstrahles mit der Rotationsachse.

Rotationswinkel: Der vom Zentralstrahl bei der Rotationsbewegung durchlaufene Winkel.

Translationswinkel: Winkel des Zentralstrahles zur Rotationsebene (in Translationsrichtung) bei Schrägrotation.

Konvergenzwinkel: maximale beiderseitige Translationswinkelbegrenzung bei Pendelkonvergenz (Maximaler Kegelwinkel bei der Kegelkonvergenz und Spiral-Kegelkonvergenz).

II. Geometrie des Patientenquerschnittes

Hierbei geht es vorwiegend um die Beziehung zwischen wichtigen Punkten innerhalb des zu bestrahlenden Patientenquerschnittes zur Körperoberfläche und zum Bewegungssystem. Zur Erläuterung läßt sich ein sehr sinnfälliges und auch allgemein bekanntes Beispiel aus der angewandten Physik — um die es sich ja auch hier handelt — heranziehen. Dieses in Abb. 107 dargestellte geometrische Beispiel der Lage eines Erdbebenherdes ist das Analogon zum Patientenquerschnitt und erlaubt ohne weiteres die folgenden physikalischen Definitionen zu übernehmen:

Entfernung: Lagebeziehung zweier Punkte in einem Bezugssystem.

Als Bezugssystem gilt in diesem Falle die Erdoberfläche, und die Entfernung der Punkte A und B ist auf einem Großkreis gesehen. Die Entfernung zwischen beiden Punkten vermag aber auch noch auf verschiedenen Bezugssystemen zu basieren. So können es ein Straßennetz, ein Schienennetz sowie Schiffs- und Flugrouten sein. In Kilometern ausgedrückt, kommen also sehr verschiedene Entfernungen zwischen A und B heraus, die — falls es Städte sind — noch wieder unterschiedlich sind, je nachdem ob man auf Stadtzentrum oder Stadtgrenze bezieht.

Abstand: Kürzeste Entfernung zwischen zwei Punkten (Entfernung auf einer Geraden).

Dieser Begriff trifft für die geradlinige Verbindung zwischen B und C zu. Definitionsgemäß ist sie auch noch als Entfernung zu bezeichnen, nämlich sie ist die kürzeste. Auf keinen Fall darf man aber die Verbindung zwischen A und B auf der Erdoberfläche als Abstand bezeichnen. Dieser Begriff würde nur für die in Abb. 107 nicht eingezeichnete Sehne gelten.

Tiefe: Kürzester Abstand eines Punktes von einer Bezugsebene.

Dieses gilt für die geradlinige Verbindung zwischen A und C. Definitionsgemäß ist sie auch noch als Abstand und über die Definition des Abstandes als Entfernung zu bezeichnen. Niemals ist aber die Verbindungslinie zwischen B und C als Tiefe zu bezeichnen! (Der Begriff „*Höhe*" hat die gleiche Definition wie die „*Tiefe*".)

Auf dieser Basis ergeben sich folgende Begriffe:

Herdtiefe: Kürzester Abstand der Herdmitte von der Oberfläche im Bestrahlungs-Winkelbereich.

Drehpunkttiefe: Kürzester Abstand des Drehpunktes von der Oberfläche im Bestrahlungs-Winkelbereich.

Rotations-Achsentiefe: Kürzester Abstand der Rotationsachse von der Oberfläche im Bestrahlungs-Winkelbereich. (Bei oberflächenparalleler Lage der Achse ist Achsentiefe = Drehpunkttiefe. Bei schrägliegender Achse befindet sich die Achsentiefe an dem der Oberfläche am nächsten gelegenen Feldrand.)

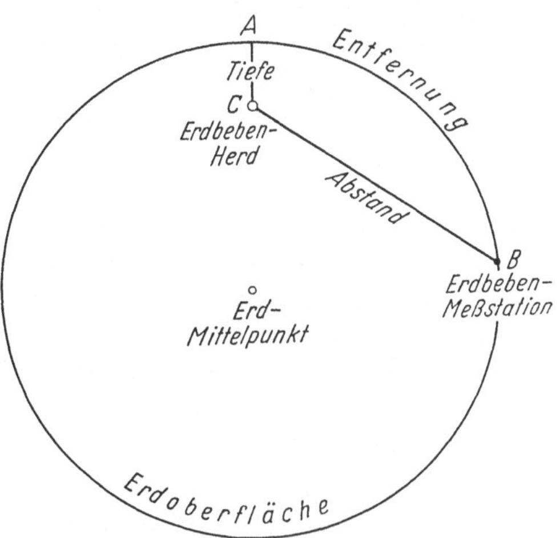

Abb. 107. Beziehung eines Erdbebenherdes zur Erdoberfläche als Analogon zum Herd im Körperquerschnitt

Da der Begriff „Tiefe" sich immer an eine Bezugsebene anschließt, die im vorliegenden Fall eindeutig die Körperoberfläche ist, bedarf es nur einer Kopplung dieses Begriffes mit dem Bezugspunkt (Herd, Drehpunkt usw.). Etwas schwieriger ist die Wortbildung bei dem Begriff „Abstand"; denn es bedarf der Beschreibung der beiden Begrenzungen, auf die sich der Abstand bezieht. Exakt sind daher mit dem Wort „Abstand" zwei weitere Wörter zu verbinden:

Fokus-Drehpunkt-Abstand (FDA): Abstand zwischen Röhrenfokus und Drehpunkt.

Da jedoch die Zahl der für die Dosisermittlung notwendigen „Abstände" praktisch nur zwei beträgt, sind Mißdeutungen nicht zu erwarten, wenn das Wort „Abstand" nur mit der wichtigsten Begrenzung gekoppelt wird:

Oberflächen-Herd-Abstand (OHA) = *Herdabstand* (HA): Jeweiliger Abstand der Herdmitte von der Oberfläche.

Innerhalb des Rotationswinkelbereiches ist jeder Herdabstand im Patientenquerschnitt einer bestimmten Rotationswinkelstellung, z. B. Rot $+30°$, zugeordnet und daher mit der Abkürzung $HA_{+30°}$ eindeutig gekennzeichnet. Da der Herdabstand unter einer bestimmten Rotationswinkelstellung und nicht zu einem bestimmten Zeitpunkt eine bestimmte Größe in einem vorgegebenen Querschnitt hat, wäre die Kopplung mit einem Zeitbegriff, wie z. B. „momentan", sinnwidrig.

Herdabstandsverhältnis (HAV): Verhältnis des längsten (HA_{max}) zum kürzesten Herdabstand (HA_{min}) im Bestrahlungs-Winkelbereich.

Drehpunkt-Herd-Abstand (DHA) = *Drehpunktabstand* (DrA): Abstand des Drehpunktes von der Herdmitte.

Diese vereinfachte Begriffsbildung ist nicht ganz korrekt, da als Analogon zu Herdtiefe → Herdabstand die Begriffe Drehpunkttiefe → Drehpunktabstand zusammengehören. Danach wäre der „Drehpunktabstand" auch eine Vereinfachung des Begriffs:

Oberflächen-Drehpunkt-Abstand (ODA): Jeweiliger Abstand des Drehpunktes von der Oberfläche

Dieser Begriff hat aber insofern keine praktische Bedeutung, als ausschließlich die Drehpunkttiefe für die Oberflächendosis (Höchstwert) maßgebend ist.

Der auch verwendete Begriff „Maximum-Auswanderung" umgeht zwar diese Inkorrektheit, ist aber bezüglich seiner Aussage in zweifacher Weise unexakt. Einmal ist die eine Begrenzung nicht der Punkt des Maximums der Dosis, sondern etwa die Mitte der 80%-Isodose, die als Herdmitte gilt. Zum anderen hat der Begriff „Auswanderung" definitionsgemäß wenig mit einem „Abstand" zu tun; denn er beschreibt ja einen Vorgang.

Die vom Strahlenkegel getroffenen Bereiche des Bestrahlungsobjektes sind bei der Bewegungsbestrahlung vielseitiger unterteilt. So existiert bei der Stehfeldbestrahlung nur der Begriff „Einfallsfeld" bzw. „Oberflächen-Einfallsfeld", und man versteht darunter die von der Strahlung getroffene Oberfläche eines Bestrahlungsobjektes. Dieses Oberflächen-Einfallsfeld ist bei der Bewegungsbestrahlung wesentlich vergrößert und wird oft auch als „Strahleneintrittspforte" bezeichnet:

Oberflächen-Einfallsfeld (Strahleneintrittspforte): Gesamte Oberfläche, durch die während der Bewegung eingestrahlt wird.

Je nach der verwendeten Bewegungsbestrahlungsmethode kann es sich hierbei um ein streifenförmiges, rechteckiges, kreisförmiges oder ringförmiges Feld an der Oberfläche handeln. Das „Oberflächen-Einfallsfeld" durch die Bewegungsmethode näher zu kennzeichnen, z. B. Rotations- bzw. Pendelkonvergenz-Oberflächen-Einfallsfeld, ist nicht erforderlich; denn es wird durch solche Aussage keine andere Bedeutung in diesen, der Dosisbestimmung dienenden Begriff hineingelegt. Auch die Kopplung mit dem Wort „Haut", z. B. „Konvergenz-Hautfeld", erbringt keine weitere Aussage; denn bei einem Patienten kann die Strahlung sowieso nur durch die Haut einfallen — es braucht also nicht besonders betont zu werden —, und beim Phantom ist keine Haut vorhanden.

Einer Kennzeichnung der vom ausgeblendeten Strahlenkegel erfaßten Gebiete dienen nachfolgende Begriffe:

Oberflächenfeld: Querschnitt des ausgeblendeten Strahlenkegels an der Oberfläche.

Achsenfeld (Herdfeld): Querschnitt des ausgeblendeten Strahlenkegels an der Rotationsachse.

Feldbreite: Ausdehnung des ausgeblendeten Feldes senkrecht zur Rotationsachse.

Feldlänge: Ausdehnung des Feldes parallel zur Rotationsachse.